成长加油站

懒惰，请走开

李 奎 方士华 编著

民主与建设出版社

·北京·

© 民主与建设出版社，2020

图书在版编目（ＣＩＰ）数据

懒惰，请走开 / 李奎，方士华编著 . —— 北京 : 民
主与建设出版社 , 2019.11

（成长加油站）

ISBN 978-7-5139-2424-5

Ⅰ . ①懒… Ⅱ . ①李… ②方… Ⅲ . ①成功心理—青
少年读物 Ⅳ . ① B848.4-49

中国版本图书馆 CIP 数据核字 (2019) 第 269572 号

懒惰，请走开
LAN DUO, QING ZOU KAI

出 版 人	李声笑
编 著	李 奎 方士华
责任编辑	刘树民
封面设计	大华文苑
出版发行	民主与建设出版社有限责任公司
电 话	（010）59417747 59419778
社 址	北京市海淀区西三环中路 10 号望海楼 E 座 7 层
邮 编	100142
印 刷	三河市德利印刷有限公司
版 次	2020 年 6 月第 1 版
印 次	2020 年 6 月第 1 次印刷
开 本	880 毫米 × 1230 毫米　1/32
印 张	30
字 数	650 千字
书 号	ISBN 978-7-5139-2424-5
定 价	238.00 元（全 10 册）

注：如有印、装质量问题，请与出版社联系。

青少年是祖国的未来，是中华民族的希望。中国的未来属于青少年，中华民族的未来也属于青少年。青少年的理想信念、精神状态、综合素质，是一个国家发展活力的重要体现，也是一个国家核心竞争力的重要因素。

随着年龄的增长，青少年开始认识世界，学习各科知识，在这个过程中，他们逐渐熟悉了社会，了解了民风民俗，懂得了道德法律，具备了起码的生存技巧、劳动技能，掌握了一定的科学知识、探索方法，对大自然、对人生也有了一定的看法。

这一时期，他们渴望独立的愿望日益变得强烈，与家庭的联系逐渐疏远，对父母的权威产生怀疑，甚至发生反抗行为。他们要摆脱家长和其他成人的监护，摆脱由这些成年人规定的各种形式的束缚。

他们对自己充满自信，看不起身边的许多事情，但随着接触社会的增多，他们会逐渐了解到个人只不过是这个大自然中的一部分，个人与他人、社会、自然之间存在着十分复杂的关系，在很多事情面前，个人的能力和作用都是有限的，是要受到制约的。

由于一开始过高地估计了自己的能力，致使他们的很多愿望难以实现，由此他们又产生了自危、自惭、自卑、自惑等不良心态，在这种情绪的影响下，有的青少年甚至走上自毁的道路。研究表明，青春

1

期的青少年是最容易激发起斗志的，他们更容易从别人的成功中吸取适合自己的营养，指导他们的行动。

为了正确地引导青少年的成长，使他们培养正确的人生观和世界观，并合理地控制自己的情绪，我们特地编辑了本套"成长加油站"丛书，包括《爸妈不是我的佣人》《办法总比问题多》《再见坏习惯》《做最好的自己》《懒惰，请走开》《做个内心强大的孩子》《这样做人人都欢迎我》《学习是一件快乐的事》《为自己读书》《自己永远是最棒的》共十册书。

本套丛书从兴趣爱好、积极人生、情绪、心智等多个方面入手，分别讲述了如何培养孩子的美德、怎样提高孩子的情商、智商，怎样养成孩子的独立生活能力等诸多问题，旨在引导青少年对成功的渴望，使其发现自身的兴趣所在，快乐、健康地成长，为他们的成长加油！

目录

第一章　懒惰是一种不良习惯

懒惰，会让我们失去动力，会腐蚀了我们的进取心，会让人放弃对成功的追求，懒惰的危害，人人都知道，而要戒掉这种精神之瘾，则需要我们有足够的意志力和自控力。

与懒惰相对存在的是勤奋。我们都知道：懒惰，只会让我们两手空空，最终走向灭亡，而勤奋却可以让我们获取成功，得到财富，赢得人生。所以，作为新时代的我们，应该要远离懒惰，勤奋每一天，去努力地创造属于我们的美好未来。

认识惰性的巨大危害

一般来说，每一个人身上都有着一定的惰性。一件事情在不是很着急的时候，都喜欢往后拖一拖。今日的事情总是拖到明天去做，甚至拖到后天去做。青少年原本自制力就差，再加上没有时间观念，结果就会变得更加糟糕。

懒惰症的危害

从某种意义上而言，懒惰就是浪费生命，就是慢性自杀。懒惰的青少年经常为积压的作业而倍感痛苦，从而影响学习的质量，更影响了身心健康。到最后是，身体没有调养好，学习也没有提高上去，正所谓两败俱伤。

在现实生活中，这样的例子可以说是随处可见，比比皆是。这不，已经是初中生的小新同学就面临着这样的问题：

小新是某学校初一的学生，学习应该算是班上最好的，因为他的头脑比较聪明。各方面都表现优异的他，唯独不喜欢做作业。他不喜欢做作业最大的原因就是他做事情比较慢。

有一次，语文老师布置了一个作业，是写一篇作文，作文题目是《我心中的梦想》，规定是在一周之内必须交上去。

老师规定的是一周之内完成，时间相对很轻松，不过，条件是在认真准备的基础上。但是对于小强来说，前四天的他仍然是心不在焉的、看似轻闲，因为他始终觉得还不用着急；第五天、第六天也只是随便拿了本作文翻了翻。

到了第七天，大限逼近，他才像疯了一样赶紧完成这篇作文。往往都是不到最后一秒钟，小新是不会搞定老师布置的所有作业。

因此，总是到了最后的关头，他才让自己着急的心放下。虽然他仍然是班上成绩最好的一个，但你别以为他学习得法、有张有弛。其实，在看似无所事事的前几天里，他一直备受煎熬，每天他都不停地告诉自己：该动笔了，时间不多了！

　　可是，他就是无法进入学习状态，仍旧忍不住坐在电视机前浪费时间。一天的时间很快就过去了，他又不断地谴责自己：这么没有效率，真是无可救药！

　　从这个故事当中，我们可以看出，小新是一个习惯性拖延时间的懒惰者。其实，在我们的生活中，有20%的人都过着这种拖拉、不勤奋的生活。

　　有人曾说道："懒惰是一种慢性毒药，它慢慢地征服勇气，使其变得迟钝。"可见，懒惰会影响一个人的健康成长，也会阻碍创造力的发挥。

　　你能够把握的就是今天。昨天已成了历史，明天尚不明确。只有今日，才是属于我们自己的。昨日的不足，今日尚可弥补；明日的目标，今日也可谋划。赶快行动起来，分秒必争更重要。

　　在生命之中，最好的时态就是现在进行时，最好的时光就是现在，是正在进行之中，正被我们拥有的今天。只有今天才是丰富而真实、鲜艳而美丽的。如果我们都能见缝插针地好好利用那些属于我们的时间，找点事情做做，肯定会有意想不到的收获，并且等于延长了生命。

　　只有今天，才是人生赐予你的一份礼物。东升的太阳预示着我们将会拥有一个新的开始，那是我们的机会，我们可以利用它弥补过去的遗憾。面对过去的成功，不应该再沉迷了，因为它会使我们变得骄傲自满。我们应当时时刻刻提醒自己，过去的成功并不代表一切，挑战未来才是现在要做的。

　　人的一生，是由许许多多的昨天、今天与明天构成的。正因为有了它们才让我们有了美好的回忆，有了努力奋斗的动力，有了对未来的展望。这点点滴滴，把我们的人生谱写成了一页页七彩的篇章。

克服懒惰症的方法

绝不要懒惰，立即行动吧！任何时刻，当你感到懒惰的恶习正悄悄地向你靠近，或当此恶习已迅速缠上你，使你动弹不得的时候，你都要用这句话来提醒自己。

要知道，懒惰只是一种坏习惯，改正它并不难。我们究竟应该怎么去克服属于自己身上的那种惰性呢，克服遇事懒惰的毛病呢？以下方法不妨一看：

（1）从今天做起

不论明天是一个多么"规整"的日子，无论你今天多累，有多少理由，要是你真的想改进自己，就马上列个事情明细单，定个时间表，强迫自己把事情做下去。这一步重要的是体会完成事情后的轻松感受。不做事，心里不踏实，也是休息不好的。

（2）马上制订一个能够胜任的学习计划

在第一天的学习、工作之余，还要制订一个近期学习计划。计划要能胜任，时间订得较宽松些，也适合自己的作息习惯。这一步重要的是找到你希望坚持、喜欢做的一件小事，有兴趣的小事能够坚持不懈，也能为自己带来信心和愉悦感。

（3）将一件事情分割成几个小部分来做

这点看起来容易，但是需要经验，因为分割后的每个小部分之间并不一定是完全独立的，可能需要你在做这个部分工作的同时，也要想到其他部分可能发生的情况。在每个小部分完成后，还需要花点时间把它们整合起来。

（4）分清事情的轻重缓急来做事

事情肯定会有轻重缓急，先集中时间，把最重要的先完成，不重要的事晚一点也不用担心。利用好零散的时间做事，可以在不知不觉中完成烦琐的杂务。这一步最重要的是不要怕做难做的事情。

（5）限定完成期限

如果你是一个没有什么时间观念的人，可以试试给自己强行制定出一段时间需要完成的任务。例如，在接下来的一个小时里，要看完10页书。

（6）分时段学习

不要连续学习。注意劳逸结合，尝试用一至两个小时努力学习，

搞出成果，然后给自己一个短暂的休息。不要持续拼命地学习，这样做未必有最高的学习效率。

（7）从最简单的方面入手

如果一项任务既庞大又复杂，让你觉得无从下手。那么你可以试试从最简单的方面入手，循序渐进。这样既可以节省时间，而且不会让自己有借口懒惰。

（8）让别人一同参与

和你的家人，朋友或是同学打个赌，让他们证明你会在特定的时间完成了你的学习。或者用别的方式让自己克服懒惰，对应该完成的任务负起责任。

（9）要尽可能排除干扰

如果你觉得学习时总会受到干扰，试着找出原因，尽量排除干扰。或者搬到一个你可以专心学习的地方。如果你需要很安静的环境，关掉电视、电话、电脑和任何会让你从学习中分心的东西。

"赶快行动！还等什么！"懒惰的人要经常对自己这样说。不要给自己理由，也不要对自己留有余地。要对自己严厉地说："非做不可！而且是现在就开始。"然后想象一下在最后期限前面对一大摊事务的痛苦，借此来告诫自己。

青少年朋友，我们应该明白：自己的学业要靠自己完成，自己人生旅途上的任何目标也要由自己来定位和实现。我们要仔细思考：自己的事迟早要做，为什么做了再想其他的事？

青春终究是我们自己的，人生终究不能靠别人，我们为什么还要在等待中折磨自己呢？让我们从现在开始，告别懒惰，今天的事情今天完成吧！

鼓励孩子多参加劳动

现在的孩子绝大部分是独生子，在家庭里的地位十分突出，被父母视为"掌上明珠""心肝宝贝"。不少长辈对孩子过分溺爱、百般迁就，在孩子幼小的心灵上播下了特殊化的种子。

久而久之，就强化了孩子的不良行为习惯，使他们形成一种较稳定的心理状态：心目中只有他们自己，并逐步滋长起自私、任性、依赖和懒惰的习惯。

小景已经是一个初中生了，可是，他在家里却什么都不做，就连每天要穿的衣服，都要妈妈为他准备好，放在床边才行。小景会这样，妈妈的责任很大。

小景小的时候，妈妈就给他灌输学习第一的思想，并且包揽了小景的一切事情，就连学校里面布置的手工课的作业，妈妈都替他完成。

让妈妈没有想到的是，自己这样做，反而让小景变懒了，不爱劳动不说，对于学习也比较懒惰，以他的能力，成绩应该在前五名，可他却总是在三十名以外徘徊。

妈妈很为自己的行为后悔，但是也不知道应该如何教育小景。

从上述案例可以看出：懒惰是孩子人生路上的绊脚石。

勤奋永远是成才的钥匙，永远是孩子成才的第一推动力。具备了勤奋这种可贵的品质，就等于拥有了成功的一半。所以，父母一定要纠正孩子身上懒惰的恶习，培养他们勤奋的美德。

"劳动创造了美。"这是马克思对劳动的精辟总结。可以说，教育孩子热爱劳动是父母的一项重要责任。因为孩子将来一生的幸福，都要靠他们自己的劳动去创造。

孩子懒惰，劳动素质开发不够，很大程度上讲是父母的原因。现在许多父母对孩子的教育，有两个看似对立实则统一的态度，这种教育态度是造成男孩懒惰的重要原因：

一是把孩子放在温箱里。这种宠爱、溺爱，把孩子当小皇帝一样对待的态度，是造成孩子懒惰的原因之一。

二是对孩子一方面溺爱，同时又表现出某种专制。爱得非常细致、全面，对孩子又有种种戒律：只能这样，只能那样；不能这样，不能那样。

许多父母其实也意识到了对孩子教育所存在的问题，不少有见识的父母为孩子安排一些特殊的假期活动，如推销、打工、卖报纸等，这反映出了父母对孩子懒惰的忧虑及改变现状的期望。

那么，如何改变孩子的懒惰习惯呢？专家给出了家长以下的建议：

鼓励孩子多参加劳动

孩子最初热爱劳动可能是在学校，最不爱劳动的孩子，在学校干得也很出色。因为他们希望得到老师的夸奖，当老师表扬他们的时候，他们的心里总是美滋滋的。

回到家里，由于环境的变化，孩子可能不屑一顾，胡乱糟蹋，却很少主动地去帮家里做一些力所能及的家务。

日常生活中有许多小事，爱劳动的孩子处处都能发现要干的事，不爱劳动的孩子即便是油瓶倒在脚下，都不会弯腰去扶。

要培养孩子良好的习惯，必须从一点一滴做起，如经常鼓励他们清扫楼道，倒垃圾等。一开始孩子可能不愿干，假以时日，慢慢地就会成为习惯。

信任孩子能做好

孩子做任何事都需要信任，让他们劳动也是如此。父母如果不放心，不信任，甚至怀疑他们能否做好某一件事，这对孩子很不利。

相反，父母若信任孩子，在鼓励他们的同时，让他们放开手脚，大胆地去干，他们会感到劳动的快乐，品尝到劳动换来的果实。

父母要相信，孩子在自己的鼓励和信任的目光下，会变得格外勤劳。

用比较树立劳动信心

孩子经过一些简单的劳动锻炼后，会发现自己有很大的潜力，也能干出好好多多大人能干的事，这时他们会沾沾自喜，很可能失去刚参加劳动时的热情。

父母要持之以恒，不时地以一些优秀的典型做比较，让孩子觉得自己干得不过是一些微不足道的事，只有长期坚持才能达到别人那样的效果，只有看到别人的长处，他们才会感到自己的不足。

但是父母要注意，在比较的同时，

不要否定孩子的成绩，否则会打击他们的积极性，取得适得其反的效果。

关注和肯定孩子的努力

父母可抓住适当时机，通过言词，肯定孩子的努力、耐力和勤奋。其范围可从一句简单的"我喜欢你努力"，到对孩子所作的预习、许诺和忍耐力作出详尽的评论。

父母要求孩子做事时，要告诉他们，生活中有些基本的事情是必须自己要做的，别人替代不了，也没有义务替代。父母要把具体的标准要告诉孩子，并且告诉孩子自己会关注他们的劳动过程，这会让孩子更有动力。

孩子的懒惰是长期形成的行为习惯，也是长期形成的心理习惯。所以，父母要从日常生活中细小事情出发，不仅要求孩子完成自己的事情，而且也要承担一部分家务劳动，这样，孩子就会变得不再懒惰，劳动能力也会增强。

让孩子养成勤奋的习惯

著名科学家爱因斯坦曾说："在天才与勤奋之间，我毫不迟疑地选择勤奋，它几乎是世界上一切成就的催产婆。"

的确，没有勤奋，谁也不可能成功。聪明往往只能决定一时的成败，而勤奋努力则决定孩子一世的命运。请看下面一个事例：

今年9岁的小乐正在上小学三年级。她本来是个非常聪明的女孩，4岁就能流利地背许多唐诗，但这一切都因为她的懒惰而改变了。

由于小乐的学习成绩一直很好，爸爸妈妈也忙于工作，没怎么管她。在放任自由的环境下，小乐渐渐养成了懒惰的毛病。早晨闹钟叫了许多遍，小乐却依然赖在床上不肯起来，直到妈妈多次催促，她才极不情愿地从床上爬起来。

上课时，小乐也不认真听老师讲课，放学回家也不认真完成作业。做什么事都懒懒散散的，一点也不积极主动。

久而久之，小乐的学习成绩一天不如一天，她也不再是爸爸妈妈和老师眼里那个聪明懂事的女孩了。

勤奋是孩子成才的关键。一个不勤奋的孩子，即使拥有过人的天赋和才华，也难以取得成功。相反，一个勤奋的孩子，即使只具有一般的资质，也能展翅高飞。

在对孩子进行早期教育时，父母应该让他们她明白，勤奋的品质远远胜过他们考试所达到的等级或获得的分数。父母应该鼓励孩子尽其所能、尽最大努力来学习。

父母应该鼓励孩子在学习过程，比如做练习、做家庭作业中，集中注意力，使勤奋成为他的一种良好品质。

实际上，孩子做练习和家庭作业，要占整个学习活动百分之九十以上的时间，而只有少数时间用于表现成就、进行考试、参加竞赛、当众展示学业成果。

因此，父母应该更重视在孩子平时的学习活动中培养勤奋的精神，而不是单单以成绩论他们是否勤奋。

在现实生活中，有些父母只重视孩子的学习成绩，而从来或很少过问他们的学习方法。结果，孩子虽然不笨，学习也很努力，但因学习方法不恰当，学习效果总是很差，导致学习兴趣也日渐低落。

因此，在培养孩子勤奋努力的品质时，父母应该同时关注孩子的学习方法，让他们学会如何学习。

勤奋是一种品质，一种良好的学习和工作态度，这种品质的养成需要父母从小对孩子进行引导和教育。

教孩子热爱劳动

勤奋是一种良好的学习习惯，也是一种认真的生活态度。

小语是个12岁的小女孩，今年刚上六年级。小时，由于爸爸妈妈工作繁忙，所以把她交给爷爷奶奶照顾。爷爷奶奶视她如掌上明珠，从不让她做一点家务活。

最近，爸爸妈妈把小语接回了家里，回到父母身边，小语也依旧认为自己能过"饭来张口，衣来伸手"的生活。

可是爸爸妈妈并不这么想，从小语进门的第一天，他们就发现了小语懒惰的问题，决定帮小语改正。

小语进家门第二天，爸爸妈妈就宣布了小语应该承担的家务活。如果小语想花钱，也必须通过额外的劳动来获取。

他们还告诉小语，只有通过她自己勤奋的劳动，用双手去干活才能有收获。生活如此，学习也如此。

在爸爸妈妈的有意识培养下，小语慢慢改正了懒惰的毛病，养成了勤奋的好品质。

　　为了鼓励孩子去劳动，父母可以设置一些劳动付费项目，鼓励他们去做家务活。另外，父母还应该告诉孩子，作为家庭的一分子，他们也有责任分担家务。

利用榜样激励孩子勤奋

利用榜样的力量来激励孩子形成勤奋的好习惯。

　　小文虽然是女孩子，却非常喜欢看NBA球赛，并且十分崇拜姚明。有一次，小文一回到家就玩游戏到很晚，忘记了写作业。妈妈知道后，开始跟她说起姚明的故事。

　　妈妈说姚明之所以能成为一个优秀的篮球运动员，不仅因为他的先天条件好，更在于他十年如一日的艰苦锻炼。

　　妈妈还给小文说了许多关于姚明小时候勤奋学习和练球的故事，姚明所学到的知识在日后都为他辉煌的事业做了良好的铺垫。从那以后，小文总是用姚明的事迹来鼓励和提醒自己，做一个勤奋认真的人。

　　利用积极的榜样来激励孩子，是一种良好的方法。孩子由于年龄较小，还没有形成完善的世界观和人生观，不能完全判断事情的正误，在这个时候，榜样的作用无疑是最大的。

对孩子的勤奋品质进行表扬

父母要表扬孩子的勤奋努力精神，鼓励他们逐渐走向成功。

　　小会是个性格内向的女孩。她的爸爸妈妈虽然经济条件一般，但为了使她受到良好的教育，坚持把她送进市里最好的学校。小会很懂事，她勤奋努力地学习，立志要成为班里最优秀的学生。事情并不像小会想的那么顺利，第一次期中考试，她考得很差，连前十名都没有进，这让她觉得没有脸面对辛苦的爸爸妈妈。

那天，小会小心翼翼地把试卷和成绩单交给妈妈看，妈妈还没翻开，她就开始掉眼泪。看了小会的成绩后，妈妈心里也很难受。

但妈妈知道小会一直都十分勤奋和自觉，于是她抚摸着小会的头，表扬她的勤奋。同时妈妈还告诉小会，一次考试的成绩并不能说明什么，但是勤奋的品质却是一生的财富。

妈妈帮助小会分析考试失利的原因，并引导她正确处理勤奋与休息、学习方法的关系。孩子考试失利，原因很多，父母不能因此完全否决孩子的努力。在平时的学习中，父母应该更加注重培养孩子勤奋和努力的学习态度，教导孩子选择正确的学习方法。

利用时间做更多的事

人生是极其宝贵的，而时间就是生命本身。时间也是独一无二的，对每个人来说是只有一次的宝贵资源。每个人的人生旅途都是在时间长河中开始的，每个人的生命都是随着时间的推移而发展的。只有那些能够把握时间、会利用时间的人，才能够最早接近成功的终点。

　　时间总是在不经意间悄悄溜走，如果不去主动抓住它，它永远不会停留。回首以前的岁月，很多人都知道自己浪费了许多光阴，为了让孩子的人生不再重演这样的失误，父母们应该立刻行动起来，让孩子从今天开始珍惜时间这一宝贵的资源！

珍惜时间的重要意义

　　每个人都是在时间的长河中开始人生的旅途，每个人的生命都是在时间中发展的。谁能够把握时间，谁会利用时间，谁就最早接近成功的终点。所有希望孩子成才的父母，要培养孩子做时间的主人，这会使他们终身受益。

　　如今，越来越多的父母对此开始关心，逐渐认识到如何让孩子学会合理地安排时间，是一个十分重要的问题。学会合理利用时间，不仅是保证孩子身心健康成长的重要条件，还是成才教育的一项基本训练。这种训练应当从小学阶段就开始进行。

　　上小学的孩子已懂得了昨天、今天、明天，认识了年，月、日，并随着年龄的增长，时间观念不断增强，但他们还没有真正懂得"一寸光阴一寸金，寸金难买寸光阴"的道理，没有时间的紧迫感，没有学会安排和利用时间。

　　因此，父母应帮助孩子克服淡薄的时间观念所造成的一切不良习惯，必须增强孩子的时间观念，帮助孩子养成惜时、守时的良好习惯，帮助孩子合理地利用时间。

　　时间对于每个人都是平等的，一天都是24小时，对待时间的态度不同，时间贡献的效益可就大相径庭了。鲁迅先生认为天才就是勤奋，他自己的成功，不过是把别人喝咖啡的时间用在了学习和工作上罢了。他不赞成那种空耗时间的人。他对自己的时间极其吝啬，一分一秒都不愿白白流逝，他把时间比作海绵里的水，总是尽力去挤，人的生命也就是从生到死这一段时间的总和。

所以说，鲁迅先生对时间的比喻，道出了生命的真谛，一个"挤"字道出了生命的价值和意义。若一辈子总是悠悠晃晃，无所作为，生命还有什么价值可言！

若对时间没有"挤"的精神，想成就一番事业，岂不是懒汉做美梦——空想一场而已。有志者惜时如金，无志者空活百岁。不善利用时间的人，很难实现宏图大志。

让孩子从小就具有时间观念，珍惜时间，才能使孩子养成雷厉风行的作风，干什么事都会有责任感和紧迫感。学习时能集中精力，神情专注，不丢三落四；做事时有板有眼，快捷利索，不磨磨蹭蹭。可以说，让孩子们懂得并学会珍惜时间，这本身就是人的一种素质、一种能力。伟大的科学家爱因斯坦说过："人的差异在于业余时间。"

由于个人对时间的处理态度、安排内容、使用方式各不一样，必然会给个人的成绩或成就带来各种不同的影响，导致人与人之间差异的产生：有人杰出、有人平庸、有人沉沦。古今中外珍惜时间，刻苦钻研，从而创造辉煌业绩的人不胜枚举。

培养孩子珍惜时间的方法

只有孩子学会了取

珍惜时间，那么他的未来才能够走得更远，才能够比别人更容易取得成功。所以，想要孩子赢在时间的起跑线上，就必须做到以下几点：

（1）父母以身示范做榜样

父母可以通过以身示范，给孩子树立惜时如金、守时有信的良好榜样。这是教育孩子、强化孩子惜时意识的有效措施。如果父母本身就是一个勤快的人，生活节奏快而不乱，自然会影响孩子。反之，如果父母整日松松散散，无所事事，孩子必受负面影响。

（2）切不可对孩子娇生惯养

许多孩子不懂得珍惜时间，这与父母对孩子的娇惯有很大的关系。有的孩子爱睡懒觉。每天早上父母一遍一遍地叫，直耗到不起床上学就迟到的时候，才匆忙起来，父母还得给孩子穿衣服，收拾书包，叠被子……

这样做不但不利于培养孩子的时间观念，也助长了孩子依赖父母的习惯。在处理这类问题上，父母不妨给孩子一点小小的惩罚，让孩

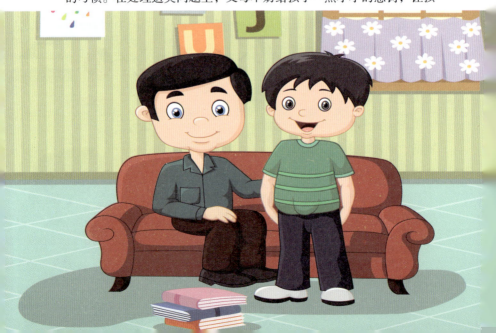

子尝尝自己耽误时间的苦果。有些自尊心的孩子也会从中吸取教训，以后会逐渐养成按时起床的习惯。

当然采取这种以自然后果惩罚孩子的方法，父母要根据孩子的心理变化和实际承受能力把握时机，灵活运用。

（3）让孩子集中精力做事

一旦养成了集中精力做事的好习惯，孩子就不会出现手忙脚乱、被动应付的局面。反而会觉得时间比较充裕。

对孩子来说，做作业集中精力很快做完，与懒惰拖拉总也做不完比较，前者反而可以腾出更多自由支配的时间，可以去做自己喜欢做的事，或玩耍、或游戏、或看电视、或读课外书等。

（4）培养孩子的时间观念

培养良好的时间观念是一个人做事的基本前提，但并不意味着全部。尤其是对青少年儿童而言，良好的行为习惯是多方面的。父母是孩子的第一任老师，在与孩子朝夕相处的岁月中，最了解也最熟悉自己的孩子，同时，父母有意无意在孩子面前所表露的一举一动，都对孩子一些习惯行为的形成起着至关重要的作用。

但由于一些父母的疏忽，总认为孩子还小，"树大自然直"，对孩子做事少闻少问，少说少管，正确的行为缺乏鼓励强化，错误的行为没有坚决抵制，久而久之，使问题变得更加突出，好习惯没有形成，却形成了许多坏习惯。

（5）让孩子体味"快"的甜头

孩子在感觉到做事快对他来说大有好处时，才会认为做事快是值得的，是一种好的习惯。他做事时的动作，才会因此而更加"快"起来。

　　孩子自己会有一笔账：我做得越快任务越多，反正也不能出去玩，不如索性做得慢一点，起码可以省点力气。这个问题解决的最好方式就是，平时不要总是对孩子层层加码，要把孩子节约出来的时间还给孩子，在孩子较快完成了任务之后，赋予孩子自由安排生活的权力，让孩子去做一些自己感兴趣的事情。

　　（6）从善于抓紧时间着手

　　为了不浪费时间，要让孩子的一切生活与学习用品，摆放有序，要有规定。若摆得杂乱无章，就会常常为找东西浪费许多宝贵的时间。要从小养成今天的事今天做完的习惯，督促孩子把应该做的功课按时完成，不要随意将任务推迟。切忌明天复明天，明天何其多的懒惰作风。

　　在养成按时完成任务这个好习惯的过程中，父母要耐心细致地说服帮助，不可性急、焦躁，更不可采取粗暴强制的办法。在督促孩子完成他自己排定的任务时，要着眼于时间观念的培养，而不仅仅是应付差事。

第二章　自信的孩子没有惰性

花儿的美丽，不仅在于它绚丽的色彩和动人的外表，更在于其中蕴含着耀眼的生命光辉。有的人之所以引人注目，不仅在于外貌的漂亮初衷，还在于一种发自于心灵深处的自信。

自信之于人生，就像是生机之于花朵，是一种灵魂的力量。只有拥有了自信，才会让自己的人生充满希望，才会去更加努力的拼搏，而不是懒惰着放弃，懒惰着消沉。

积极的心态使人心想事成

心态是一股强大的力量，决定着人的情绪和意志，决定着行为和质量。我们每天生活在自己的情绪之中，千万不要小看其中那些积极的情绪，它会在无形中给我们带来意想不到的结果。

可以说，拥有积极的心态是我们青少年迈向理想与成功之路不可或缺的要素。

了解积极心态的重要性

有两个人从窗户朝外望去，一个人看到的是满地泥泞，另一个人看到的却是满天繁星。能看到每件事情的好的一面，并养成一种习惯，还真是千金不换的珍宝。

世界上到处都有生活态度消极的人。确实，生活并不是对每个人都很完美，但抱怨实际上没有任何作用。有些人说在抱怨后会感觉舒服些，真的如此吗？

实际上，生活是否快乐，很大程度上取决于我们看事情的态度。忽视不好的事情，反而会保持眼睛发亮。总是处于一种消极生活态度，不会出现好事情。我们只有每天专注于积极的事情，保持积极的心态才会过上幸福生活。

积极的心态，包含触及内心的每件事情：荣誉、自尊、怜悯、公正、勇气与爱。

积极的人在每一次忧患中都看到一个机会，而消极的人则在每个机会都看到某种忧患。

青少年朋友们，你改变不了事实，但你可以改变态度；你改变不了过去，但你可以改变现在；你不能控制他人，但你可以掌握自己；你不能预知明天，但你可以把握今天；你不可以样样顺利，但你可以事事顺心；你不能延伸生命的长度，但你可以决定生命的宽度；你不能左右天气，但你可以改变心情；你不能选择容貌，但你可以展现笑容。

积极的人像太阳，走到哪里哪里亮。快乐的钥匙一定要放在自己手里，一个心灵成熟的人不仅能够自得其乐，而且，还能够将自己的快乐与幸福感染周围更多的生命。

人生之中，无论面对什么，我们都要相信愿望会实现，有了这样的信仰，每天就能保持一颗开朗的心，用笑容去迎接每一天！世上没有幸福和不幸，有的只是境况的比较，唯有经历苦难的人才能感受到无上的幸福。

认识积极的心态

积极的心态可分为几大类，如热情、毅力、快乐、奉献、爱等。

（1）热情

热情是我们做事情必须拥有的心态。热情会让我们的生活变得多姿多彩，因为它具有伟大的力量，能将困难转化为机会，也能鼓动我们以更快的步伐迈向我们的目标，更能给我们巨大的动力来面对接踵而至的坎坷。因此培养一个人的热情比培养其他的技能还要重要。

我们可以用我们的表情来培养我们的热情。比如讲话要有力，目光尽量长远一些，以更大的决心去追求自己的人生目标。我们不能得过且过，采取一种混日子的方式来对待生活和工作。如果大家都做一天和尚敲一天钟的话，世界将会是一片荒凉的沙漠。

（2）毅力

在这个世界，不管做什么事情，都不是一帆风顺的，如果没有毅力，就不可能有值得让人们怀念的事迹，也就根本没有成功可言。毅力是我们在面对困难、失败甚至是诱惑时的一种态度。

如果我们想做一番事业，即便是做一件很小的事情，想把它做好，也得依靠毅力来支撑整个过程。

而单单依靠一时的热情是不可能完成的，就如同蜘蛛结网一样，需要一步一步努力地把丝线拉到对面的屋檐上，更需要一次次重复这

种动作的毅力，因为那是我们产生动力的源头，它能把我们推向我们想追求的目标。

（3）信心

我们所需要的信心并不是一时的头脑发热，更不是一种无谓的冲动，而是一种不轻易动摇的信心。这才是我们每个人所向往的，因为我们都懂得，打败自己的人往往不是对手，而是我们自己。所谓的成功者也不是真的身怀绝技，而是善于发现自己的长处与优势，保持良好的自信心。

（4）快乐

这里说的快乐不是表面的快乐而是内心的快乐。它不仅要求在外表有所表现，更要在心理上保持这种快乐的心情。这种快乐不仅在脸上，更要在心里。

能对人生充满希望也能给周围的人带来同样的快乐。不管命运有多少坎坷，我们如果有好的心态去面对，也就能一直保持微笑的面孔于每一天的生活中。

当然在有收获或者是幸福的时候，我们能知足也是一种快乐。即便是粗茶淡饭，即便是茅屋石头床，只要能有这种感恩的心态，那么我们永远都是幸福而快乐的。

（5）奉献

青少年朋友们，如果我们想要得到周围人的肯定，那唯一能做的就是对周围人有所帮助，对这个社会有所贡献。即便是举手投足之劳，只要能表示你作为社会的一分子的奉献，也就足够了。

每天说一些、做一些使他人感到舒服的话或事，也可以利用电话、明信片等一些媒介表达一下。对身边的亲人、朋友来一个和悦的微笑，做一个善意的动作，他们感到快乐。你也会很快乐。

只要我们坚持日行一善，即便是扫扫地也可以肯定我们的自我价值。如果我们所做的事情，不仅能丰富我们自己的人生，同时还可以帮助别人，那种心情是再好不过的了。

人生的秘诀就在于奉献，独善其身并兼济天下才是人生真正的意义，这种精神不是金钱、名誉、夸奖所能比拟的。这种人生观是无价的，也是人人所敬佩的。

（6）爱心

爱是世界上最伟大的感情，任何邪恶的东西遇到爱，都会像冰雪遇到火焰一样很快消融。如果我们青少年能保持爱心，那日后我们将变成世界上最有影响力的人之一。如果我们想要在事业上有所成就，就不能做一个冷冰冰的人。

我们应该承认，爱是我们生理和心理疾病的最佳药物，它不仅会改变并且能调适我们体内的生理激素，有助于我们表现出积极的心态。爱也会在无形中扩展我们的包容力。因此接受爱的最好方法就是付出我们自己的爱。

（7）感恩

感恩是一切情绪中最具威力的情绪之一。它往往以一种爱的形式来表现，一个拥有积极心态的人常常通过他的思想和行动，主动表达出自己的感恩之情，包括上天恩赐给他的、人们给予他的、人生所经历的一切，并且在感恩的同时珍惜生命，善待他人。

感恩在愉悦我们心情的同时，能让我们感到知足。不管别人给予了我们什么帮助，我们都要去感恩，即便是小小的一个微笑，我们也应该懂得去回报。这样，生活也就变得五彩斑斓。

（8）好奇

青少年朋友们，如果我们想在事业上永远成功，那么在成功的路上，必然少不了好奇心。

一个有着积极心态的人绝对缺少不了好奇心，因为健康的好奇心会帮助我们消除无知，更可以改变一个人的思维模式，达到"柳暗花明又一村"的效果，往往成功的契机就隐藏在这里。因此一个想要成功的人，好奇心必不可少。

（9）弹性

弹性是指我们为人做事不死板，要懂得为自己留有余地。因为要保证任何事情能够成功，保持弹性的做事方法是绝对必要的。弹性的生活会让人感到快乐。

毕竟在我们的人生中，有很多事情都是无法预测的，甚至所发生的事情都是无法控制的。这时就需要这种弹性，芦苇就是因为弯下了腰，所以才能在狂风肆虐中生存下来。

（10）活力

活力不仅仅表现的是行动的敏捷、身体的健康，更重要的是一种心理上的青春与朝气。我们有活力的人，不管年纪有多大，甚至是耄耋之年，也能和年轻人一样，表现得很有青春活力。

保持一副朝气蓬勃的样子，不仅仅是指身体健康，更是指一种情绪上的积极状态。我们的一切情绪对身体的健康都有很大关系。

要保持一种有活力的状态，运动是比较直接的方法，也是比较有效的方法。因此使自己多多活动以保持自己的健康状态，毕竟生理上的疾病很容易造成心理上的失调，你的身体要和你的思想一样保持活动，以维持积极的行动。

培养积极心态的方法

青少年朋友们，积极的人生态度，是迈向美满成功的跳板。人生的方向是由态度来决定的。积极心态对于我们的成功非常重要，那么，我们该如何培养积极的人生态度呢？

（1）心情愉悦

早晨，如果在愉快、积极的气氛中醒来，加上潜意识的作用，一天的心情都会感到舒畅。若因无谓的事而烦恼、不愉快时，应赶紧纠正。

（2）心胸宽广

走路时，不要两眼看着地面，应该抬头挺胸，昂首阔步，决不可妄自菲薄。要去除孤立的心态，融入社会，这样就会看到充满幸福、亲切、爱情、希望的美好事物。

这时你会发现：在污秽的街上居然长着一棵漂亮的树，街角的修鞋匠雄心勃勃、充满希望，即使你讨厌的同学也有他好的一面……一切都是那么美好。

（3）积极进取

振作精神，无论多困难的工作，都有解决的办法，不可推脱敷衍，不可怕麻烦，不要把时间浪费在无谓的担忧上，不要替自己找寻借口。要知道，成功的哲学在于天下无难事。

（4）接受批评

假如做了错事，没有必要因此捶胸顿足，不要气馁。事情没做好，用不着找借口，这样做并不能改变事实，而应力求下一次把事情做得更好。为此应该接受别人善意的批评，把它看成一种激励，不应心存芥蒂，产生抵触情绪。

（5）与人为善

不要故意给人难堪，不可对人吹毛求疵，而应处处与人为善，否则别人也会给你脸色看。应去发现别人的优点，多替人着想。"与其因怀疑而招致误会，不如没有疑心而被骗"，相信别人，别人也会相信你。

（6）结交良友

人往往在不知不觉中，受到别人的影响。择友务必慎重，最应该交的朋友是有干劲、态度乐观爽朗、处事练达的人。

学会肯定自我的价值

自尊，其实就是自我价值的肯定和认可。作为青　少年，如果能够真正地做到认可自己，肯定自己。那么，就是已经拥有了一定的自尊。

肯定自我价值

作为青少年，必须要学会自我肯定。因为寸有所长，尺有所短，只有学会自我肯定，才能"自信、自尊、自在、自省、自勉、自主"。学会自我肯定，不是要去盲目自恋、自大，而是要学会从生活中的现象来认识自我到底是什么。

　　肯定自己就是尽力发挥自己的优势，多看多想自己好的一面，就能增强信心、充满活力。比如说，人或因为先天或因后天而造成的外表缺陷，这都是自己无法自我选择的。但一个人的内心状态、精神意志却完全是靠自身力量的抉择。

　　"天生我材必有用"，在纷繁的世界上尤应肯定自己，任何悲观情绪都不利于走好成长的路。

　　作为青少年，当遇到困难时，千万不要去想着放弃，然后懒散地得过且过。你可以尝试着出去走一走，做一点别的事情。也许在做别的事情的过程中，困惑你的难题就会迎刃而解了。

学会自我肯定

　　如果青少年总是否定自我的价值，那么，必然会觉得学习只不过是一场无聊又无奈的噩梦和游戏而已。

　　要不然，为什么有些人在遇到无法跨越的障碍、无力解决的困难、无从挽回的挫折时，便会慨叹为何要生存在这个世界上？为何要担惊冒险，受苦受难？为何要忙忙碌碌，顾虑重重？要不然，为什么有些人在遇到挫折和困惑时，便会慨叹在人世间过眼云烟到底是为了啥？

　　我们来总结一些自我肯定的几种信条，或许也能够帮助青少年学会自我肯定，并让青少年有所成就。

　　（1）我是一个善良、有用、令人尊敬的人。

　　（2）我完全有能力达到今天确立的目标。

　　（3）我控制自己的思想、情绪和行动，并且指导它们帮助我改善身体素质、关系、工作以及生活。

（4）我相信自己承担风险的能力和判断力，这是对自己极限的挑战，我愿意接受此后的结果，以及因这个决定而获得的回报。

（5）我将为实现自己的价值而生活。

（6）从难题和挫折中学习，从中我能够抓住进步和成长的机会。

（7）我的精神、思想和身体是一支强有力的团队，它们能够使我不断超越自我。

（8）我是自己最好的朋友和教练。对自己说的，总是鼓励、支持和尊敬的话语。

（9）每天我都尽量让自己变得更有学识、更明白事理、更有好奇心、更有同情心、更有适应力、更加成功并且更有控制力。

（10）不管生命中会发生什么，我决心让自己快乐。

对照上述信条，积极付诸实践。切记："过去的已经过去了，就像一碗水洒出去以后，你再也找不到它的影子。"

你无法挽救昨天的失败，你无法挽留时间的流逝，你无法挽起失意的胳膊。但是，你可以为昨天的失败画上一个句号，可以为时间的流失贴上一个标签，可以为失意的胳膊做一个完美的告白。

如果你可以满腔热情地投入到此时此刻，为你梦想中的明天和人生的另一半岁月流汗挥泪，去奋力拼搏，而不是去懒懒的躺上一天又一天，那么迎接你的一定会是人生丰硕的回报。

在自我肯定的过程中，你觉得自己所从事的活动就是在向人类示爱。当你把爱捐赠给他人的时候，他人总会回报你更多的爱。你处在爱的氛围里，你和你求助的人一样共同分享快乐的爱心。作为青少年，未来的路还有很长，学会自我肯定，往前走，就会又是一片明亮的天空。

成长，是一个温馨而又严峻的过程、青少年必须要学会认识自己并肯定自己。只有能够自我肯定的人，才能够有动力和自信提升生命的高度，才能够自动自发地到达理想的彼岸。

接受挑战，敢于冒险

比尔·盖茨说："所谓机会，就是去尝试新的、没做过的事。可惜在微软神话下，许多人要做的，仅仅是去重复微软的一切。这些不敢创新、不敢冒险的人，要不了多久就会丧失竞争力，又哪来成功的机会呢？"

事实上，在我们每个人的天性中本来都有好安逸的惰性，又比较容易受到环境的影响。许多青少年都满怀壮志、朝气蓬勃，而最后却总是一事无成，之所以这样，主要原因就是在安逸的生活、学习环境中待久了，渐渐地失去了斗志，致使自己的思维能力和应变能力渐渐变得迟钝，为梦想拼搏的勇气也渐渐被消磨了。

而冒险精神是那些有抱负但不敢行动的人的唯一良药。冒险有时可以让人更健康、积极，有活力，并能产生自信。从不冒险的人，不但容易忧郁颓丧、暴饮暴食，承受压力的能力也比较低，而且通常很平庸。很多时候不冒险就永远不会有胜利。

每一个人心里都希望自己成为某个人物，能达到某种境界。问题就出在大家只是坐等机会来临，实际上守株待兔的人等不来机会，只有进取的人才能抓到机会。

如果总是要等到事情十拿九稳的时候才做出决定，那么就有可能永远停滞不前。

记住，天上不会掉馅饼。我们想要的东西必须靠我们自己的勇气和努力来争取，而这恰恰需要我们去冒险。那么你也许会问：该如何冒险？下面就来告诉你几个秘诀。

要有自信

害怕冒险往往是因为担心自己的能力不足。有趣的是，一旦接受挑战，你会恍然大悟：自己拥有的能力竟然远远超过原来的想象！

所以，积极去参加一些能够锻炼我们胆量和挖掘潜力的活动吧，例如攀岩、急流泛舟等，冒险活动可以让人们萎靡已久的身心重新得到舒展。

学习他人

榜样的力量是无穷的，我们要善于用英雄人物勇敢无畏的精神激励自己，相信世界上没有征服不了的困难，没有克服不了的恐惧，从而在平时的训练和生活中勇敢面对恐惧，战胜恐惧。

冒险不是蛮干

一个人勇于冒险求胜，就会做得更多更好。不过敢于冒险不等于蛮干，而是建立在正确的思考与对事物的理性分析上。

一个人只有将准确的判断力和大胆的冒险之心结合起来，才能取得成功。两者缺一都不能取得胜利。

对于青少年来说，要达到这种境界，就要努力学习，因为知识会给我们力量和勇气的。当知识完备的时候，面对冒险，心里才会有底，才能最大限度地发挥出自己的潜能，否则心里不踏实，又怎么会勇敢地冒险呢？

有位哲人曾说："幸运喜欢寻找勇敢的人，冒险是表现在人身上的一种勇气和魄力。"请相信这句话，让冒险精神为自己助跑吧！

相信自己是独一无二的

在这个世界上找不到完全相同的两片树叶；在这个世界上找不到完全相似的两双手掌；在这个世界上找不到经历完全相同的两个人。每个人都在这个世界上独一无二地存在着，你的价值只能由自己来决定。

自信自己是独一无二的

有段话这样说：自从上帝创造了天地万物以来，没有一个人和你一样。你的头脑、心灵、眼睛、耳朵、双手、头发、嘴唇都是与众不同的。把自信种在心上，会开出勇敢的花，闭上眼睛你会闻到一阵芳香。让自信永驻心间，你就能够带着梦想走向远方。

青少年朋友，不要被生活中的一些琐事所牵绊，不要被自身的一些缺陷所折磨。金无足赤，人无完人。人不可能在各方面都非常优秀，都或多或少在某方面存在一定的缺陷，就是那些伟人也毫不例外，甚至他们的缺陷可怕得很呢？拿破仑的矮小、林肯的丑陋、罗斯福的小儿麻痹、丘吉尔的臃肿，哪一样不同样令人痛不欲生？可他们却拥有辉煌的一生！

所以，你一定不要被这些外在的因素所打败，真正能打败你的是自卑，真正能够给你力量的是自信。甩掉那该死的自卑吧，让自信永驻心间，因为你是自然界是伟大的奇迹，你是这个世界是独一无二的。

你就是你，你是独一无二的

也许你不是朋友中最美丽的，但是你可以成为最可爱的那个；你不是最聪明的，但是你可以成为最勤奋的那个；你不是最健壮的，但你可以成为那个最乐观的那个……让自己成为那个最好的自己，因为你就是你，你是独一无二的。

父母一定要让孩子懂得：父母也许可以给你天空，但却给不了你翅膀，只有让自己内心充满自信，才能展翅飞翔。父母也许可以给你道路，但却不能替你走路，只有让自己内心充满自信，才能健步如飞。生活中只有一种永恒的美丽，那就是自信！自信的人永远是最美的！自信就是她最好的化妆品。

青少年如果看不到自己的长处，对自己的估计过低，常常容易导致自卑的产生。也经常会因为一些小事而瞧不起自己，觉得自己生来比别人低一等。

自卑会使一个人消极，悲观，散漫，一事无成。所以我们应该努力去打败它，把它从生活中赶出去。

相信自己是独一无二的需要

足够的自信，如果青少年是一个自卑的人，一定赶快让自己从自卑中走出来。在我们的生活中，一定不要让自己陷进自卑的魔掌，要养成自信的良好习惯。相信你是自然界最伟大的奇迹，相信你是最棒的，你是独一无二的，带着自信上路，你将勇往直前，无所不能。

你的价值由你自身决定

一个人不可能孤独地生活在这个世界上，既然不能做到与世隔绝，那么青少年就必须学会面对世俗观念与偏见的洗礼和挑战，学会辨别尘世中的陷阱和诡计，否则你会很容易被世俗的滚滚洪流所淹没！青少年们要知道，除了自己，没人能让我们贬值，自己的价值是由自身决定的。

青少年的阅历还太浅，不明白社会上的人情冷暖。有时候，面对别人的挖苦、嘲弄、贬低会感到心情失落，不知所措。其实，青少年要知道，现实世界是残酷的，在生活中，你也许能够得到的真心鼓励并不多。

或许在日常生活中，常碰到下面的事。无论你是处于弱者、失败者、平凡者、还是成功者，不管你长得美丽还是丑陋，不管你喜欢说话还是不喜欢说话……也许都会无缘无故地受到一些无聊人士的挖苦、嘲弄、贬低与诋毁，假如你毫无辨别地全盘接受了别人强加于你的负面信息，那么，不用多久就会自己无所适从。

事实上，挖苦与嘲弄就好像是一阵风，刮过之后不会留下任何痕迹；贬低与诋毁犹如湖面的波纹，同样会自生自灭！

无论何时，不论何地，只要你学会擦亮自己的眼睛，善于管住自己的心灵，你将会发现，无论多么尖刻的挖苦与嘲弄，不管多么猛烈的贬低与诋毁都将对你毫发无损，甚至不会在你平静的心湖里留下些许的涟漪。

别人并不了解你，对你来说他们所言并非事实，那又何必为了一句传闻而耿耿于怀呢？

告诉自己我真的能行

哈佛大学曾经有个心理学家做过一个这样的实验:他将一份名单交给校长，声称上面的学生经过智力测验，具有很大的潜力。

学期结束后，名单上的学生果然成绩名列前茅。这时那个心理学家才告诉学校老师和父母，这份名单只是他随机挑选出来的，与那个所谓的测验是毫无关系的。

那么，这个预言为什么会成真呢？在心理学上，这种现象称之为"自我验证预言"。人是社会化的动物，其行为受到社会预期的影响。即，人们会有意或者无意地按照社会的"期望"进行自我暗示，这样一来，自然就会影响最终的结果。

心理学家的名单就暗示老师们要"重点关照"那些学生，而那些学生又会时时提醒自己是"尖子生"，用高标准来要求自己，最后自然就会取得好的成绩。

对自己说："我能行"

在现实生活中，我们几乎每个人都知道自信对事业、对人生的重要性，但是知道自信的必要性，并不就等于有了自信。在生活中，因循、畏缩、深陷于不安，无能感，甚至对自我能力怀疑的人，几乎随处可见。

这种类型的人对于自己是否具有担负责任的感疑虑。他们也怀疑自己能否抓住有利机会。他们总认为事情不可能顺利进行，从而抱忐忑不安的心态。

此外，他们也不相信自己可以拥有心中想要的东西。于是他们往往退缩而求其次，只要拥有些许的成就便觉心满意足。事实上，他们自己都不知道，他们拥有巨大的潜力，只要勇于发掘，就会爆发出让世人震惊的巨大能量。

让我们一起来看看下面这个故事吧：

有个男孩生性胆怯，因为他天生就有些口吃。其实并不严重，但他却长期地生活在自卑的阴影之中，脑海时时浮现自己在课堂上的尴尬场面，耳畔时时响起同学们的嘲笑声，长此以往，他的缺陷越发明显。

　　其实，他的声音很动听，有一个当广播员或是演讲家的美好愿望。私底下，在准备很充分情况下，在不紧张时他的表现的确非常好，几乎听不出他的缺陷。

　　如果他主动告诉别人，别人会显出很惊讶的表情，说："不会吧，我怎么没听出来呢？你演讲得很不错啊！你在重要场合是怯场吧？"

　　后来，那个男孩经过老师的鼓励，克服自卑意识，坚持自我练习，终于克服了自己的缺陷，屡屡在学校的演讲比赛中获奖，学习成绩扶摇直上，最终如愿以偿地考取了广播学院，实现了自己的理想。

　　要想让别人肯定你，首先自己要肯定自己，自信一切困难都难不倒你。对横亘在你面前的所有障碍，你都能努力跃过去去。不要轻易否定自己的能力，不要为自己的心灵设限，时常告诉自己，我得行！只要你充满自信和勇气去做，持之以恒下去，就一定会有出色的收获。

让自信把"不可能"变成"可能"

　　人生中，"不可能"这个词语，只是一个人给自己找的一个放弃的理由。要相信不同的做法就会有不同的结果，没有人类做不到的事情。

　　其实，在生活中，常常听到"不可能"之类的话语，主要原因就是：遇到困难与挫折时不敢去闯，认为自己不行，不可能做好这件事，所以就选择了放弃，选择了得过且过的懒散生活。

　　如果你一旦改变这种想法，始终对自己说："我肯定会做到，而且还会做得很好，因为我相信没有做不到"的事情。那么你从此对"不可能"说再见了，你的人生中就不会出现"不可能"这三个字了。

信心能使人在穷困坎坷中挺起脊梁；它能使人的头脑发挥出绝顶的聪明才智、创造非常的功绩；它能使人为了自己的目标去持之以恒的拼搏与奋斗；只要你的信心十足，你自然就能把握所有存在的机会，牢牢抓住一切可以得到的机会，把"不可能"变成"可能"。

太多的事情证明，"不可能"的事情只是暂时的，只是人们还没有找到解决它的办法而已。所以，亲爱的青少年朋友，当你遇到难题时，永远不要让"不可能"束缚了自己的手脚。

有时候，只要再勇敢地向前迈一步，再坚持一下，再多给自己一点信心，也许"不可能"就会变成"可能"。因为成功者之所以会成功，就是因为他们对"不可能"多了一份不肯低头的韧劲和执着。每个青少年都有自己的梦想，其成功与否，操之在己。

虽然，实现梦想这条路很艰难，但是，只要心存希望，手握自信，永远不说"放弃"，永远不说"我不能"，你就一定可以实现自己的梦想！

第三章　好习惯使你远离懒惰

　　良好的习惯，有益于自己、有益于他人、也有益于社会。青少年的好习惯可以从良好的生活习惯开始。好的生活习惯，是学习、工作、创业的提前和保障，也可以影响其他的习惯。

　　习惯的养成在于持之以恒，坚持不懈，绝对不能有丝毫的妥协。因为你稍一懈怠产生懒惰情绪，就会半途而废。你应该明白，好习惯一旦养成，会受益终生。

好的环境有利于好习惯养成

家庭环境主要是指物质环境和精神环境。无论是物质环境，还是精神环境，对孩子行为习惯都有很大影响。一个良好的环境会给孩子潜移默化的教导作用。

良好的物质环境可以约束孩子的行为

比如，一个孩子爱随地吐痰，但是走进富丽堂皇的大殿，走在漂亮的红地毯上，他就不会往上面吐痰，可是如果走在肮脏的小巷中，就会毫无顾忌地吐痰了，这就是物质环境对孩子行为的影响。试想一个家庭桌椅七扭八歪，满地是瓜子皮、水果皮，床上被子散乱，衣服扔得满处都是，孩子怎能养成讲秩序、讲卫生的好习惯呢？

当然，我们这里说的物质环境，并不是要求家里的陈设多么豪华，而是说在现有条件下要使居室整洁、卫生，井井有条，这对培养孩子良好习惯是有帮助的。

如果家里条件允许，给孩子准备一个书桌、一个书柜、桌上有一盏台灯等，对培养孩子良好的学习习惯是有利的。给孩子准备专用脸盆、毛巾、牙刷等，对培养卫生习惯也很有好处。家里房间布置美观、大方、整洁、卫生，对孩子形成卫生习惯也有一定作用。精神环境、心理环境也叫氛围，它对形成孩子良好的习惯作用就更大了。众所周知，良好的校风、班风和家风对孩子行为习惯的制约是很大的。

一个后进生进入一个优秀班集体，受到良好班风的熏陶，有可能很快地改掉身上的毛病；而一个学生进入一个乱班，在歪风邪气的熏染下，也有可能很快走下坡路。孩子毕竟是孩子，他们自制能力较差，环境，特别是家庭精神环境的影响，对孩子的成长起着很大的作用。

有首打油诗这样形容家庭不良氛围的影响：

拍，拍，拍，爸爸天天要打牌，捶桌跺脚使劲甩，大呼小叫夸能耐。中央台，地方台，妈妈坐下起不来，节目不论好与坏，总要看到说拜拜。皱眉头，摇脑袋，且将拇指当耳塞，满屋噪音关不住，手握笔杆眼发呆。

大家想想，孩子生活在这样的环境里，怎么可能形成专心学习的习惯，怎么可能养成文明礼貌的习惯呢！

好的家庭氛围让孩子养成好习惯

当家长的一定要给孩子创造一个良好的家庭氛围，用良好的家风影响孩子。孩子生活在和谐温暖的家庭，受到的是积极健康的精神影响，他们的心情总是愉快的，精神总是饱满的，思想总是积极进取的，行为习惯自然也是良好的。

为了培养孩子的好习惯，当家长的要节制自己的行为，要为孩子做出一些牺牲。

　　有位妈妈为了培养孩子专心学习的习惯，她放弃了自己的业余爱好，下班后不看电视，陪着孩子学习到很晚。孩子看到妈妈每天都埋头读书学习，非常专心，不好意思再打扰妈妈的学习，自己也埋头读书。

　　孩子说："家里充满了读书的气氛，这种气氛对我是一种压力，是一种净化，它使我养成了专心学习的好习惯。"

　　有个孩子作文比赛得了第一名，人们以为她当编辑的母亲每天一定为她改作文，指导她写作。可是一了解，这位母亲说："我每天忙得不亦乐乎，哪有时间辅导她呀！"

　　秘密在哪儿呢？还是家庭氛围的影响。她家中的一种浓厚的学习气氛，每天妈妈伏案改稿，爸爸埋头计算，家里来了客人，谈论的也都是如何修改文章，论"结构"，谈"中心"，家中这种"文风"熏陶了孩子，久而久之孩子也喜欢上了写作，并获得比赛第一名。

　　可见，家庭氛围的能量多么大，多么微妙。每一个家庭都要努力创造一个文明的、和谐的、健康向上的氛围，以便更好地培养孩子的好习惯。

父母是孩子的良师益友

孩子是天生的模仿专家。孩子一生下来，就以父母作为模仿对象，到后来，进了幼儿园、学校，老师也会成为模仿对象。但随着孩子一天天长大，他们就会逐渐学会独立思考，渐渐有了自己的思想。

这时，其模仿的倾向日益减少，对事情拥有自己看法的机会增加，从而迫切需要有朋友来沟通、交流、分享。而父母要想继续影响孩子，就必须担当起这个角色，做孩子的良师益友。

家庭教育研究人员认为，父母要做孩子的朋友，从来就不是一个轻松的话题。父母至少应做到如下几个方面：

对待孩子要平等和尊重

把孩子视为家庭的平等成员，尊重孩子的人格尊严，能让孩子独立思考、自由选择。让孩子自由选择也不是说父母就无所作为，父母可以引导，可以帮助分析，但最终的选择权在孩子手里。如果孩子选择错了，她自己将承担责任，一旦意识到错了，她能很快改正。如果是你帮孩子做出选择，即使对了，她也不一定会做得很好；要是错了，她会怨恨你，因为责任在你。

要认真倾听孩子的意见

父母要与孩子做朋友，家里就不能搞"一言堂"，完全由家长说了算。尤其是遇到与孩子有关的事情，一定要听取孩子的意见。

意见对的，要接受。意见不对，要做出解释。当你就家里的某件事做出决定时，如果征求孩子的意见，一方面有利于孩子健康成长，孩子会感到她是家里平等的一员，在以后会积极为家庭着想；另一方面也有利于事情本身的完成。

要争取理解孩子

做父母的应给孩子的成长制造一个宽松、和谐的气氛，并努力深入孩子的内心世界，理解孩子的愿望，尊重孩子的选择，支持孩子的正当要求。同时，也向孩子敞开自己的胸怀，让孩子了解父母的思想，感受父母的喜怒哀乐，争取孩子的信任和理解。这不仅能帮助你真正成为孩子的朋友，而且有助于你更好地引导孩子成长。

正确对待孩子成长问题

对孩子成长中的问题多以摆事实、讲道理来解决不要轻易对孩子的行为做出评价、发指令，尽量引导孩子自己去思考。要多关心孩子的思想和行为，对于问题，应通过谈话、协商，取得相互间的沟通和理解，最后求得公正合理的答案。

做孩子的朋友

父母要做孩子的朋友，这对孩子一生都很重要。不过，这并不意味着要放弃原则，迁就孩子的错误。父母给孩子发展兴趣爱好的自由，但并非自由放任。应该把握一定的尺度，提出严格的要求。如果确实孩子错了，一定要严肃指出，并做出相应的解释，以免下次重犯。但是，如果是自己也弄不清楚的地方，就不要自以为是，固执己见。如果真的是自己搞错了的地方，也要勇于向孩子承认自己的过失。要用自己的言行、作风给孩子做出表率，引导孩子形成良好的人格品质。

给孩子当榜样

要知道孩子的模仿能力是很强的，所以父母在日常生活中，还应该以身作则，时刻注意自己的一言一行。给孩子一个好的榜样，让孩子养成自己动手动脑的好习惯，不要事事依赖父母。这样教出的孩子才会学习勤奋，自强自立。

只要注意一下周围就会发现，那些不摆家长架子的父母与孩子相处融洽，这样的家庭培养的孩子民主意识强，强调公平、自由，注意讲事实、摆道理，有较强的独立思考和积极选择的能力；他们处理问题比较全面，有竞争意识和创新精神；他们为人心胸开阔，能与人友好相处；他们不懒惰，做事情持之以恒，不会轻易放弃。

而这些方面正是现代社会应该具备的，所以父母要争取成为孩子的朋友，做好孩子的朋友，以更好地引导孩子健康成长。

培养孩子做事耐心的习惯

很少有孩子能够长时间专注于一件事情，加上家长平时并不是特别在意培养孩子的耐心，使得他们往往缺乏有始有终的恒心。耐心也是一种习惯，而习惯是后天培养成的，不是天生的。所以培养孩子的耐心和坚强意志应从小做起。

在对孩子的教育过程中，肯定会遇到一些难以克服的难题，家长必须要有耐心，同时给予孩子以持续的动力。可以说，培养孩子耐心的习惯会让他终身受益。

了解孩子缺乏耐心的原因与表现

平时经常会听到一些父母抱怨自己的孩子："我儿子很聪明，就是干什么都没耐心，做事总是虎头蛇尾，半途而废。"事实上，孩子做事是否有耐心是相对而言的，年龄越小，其稳定性和持久性就越差。其原因有多个方面，归纳起来，大致有以下几类：

（1）环境方面的原因

如有的父母管教孩子没有经验，在孩子面前又急躁又啰唆，孩子干任何事情，他们都爱问长问短，看似关怀备至，实则干扰了孩子的注意力和兴趣，这很容易使孩子心烦意乱，不知所措。

另外，有些家庭夫妻关系紧张，经常吵吵闹闹，处于这种氛围的孩子，容易产生心情抑郁，从小就缺乏安静专注的习惯。

有些儿童调换环境过于频繁，年幼的儿童对环境的变化是相当敏感的，而适应性则很差。环境的改变，意味着要儿童重新进入一个陌生的环境中，这种变化可能导致儿童产生一种不安全感、不信任感。

（2）生理方面的原因

有些儿童身体孱弱，对周围的事物缺乏必要的精力和热情，他们由于体弱多病，往往爱故意撒娇，容易疲劳，因此，很难专注于某事某物。不少父母对儿童的心理需要缺乏必要的认识，对孩子有求必应。以玩具为例，只要孩子喜欢就尽其全力买下来。他们认为，玩具可以开发儿童智力，自然多多益善。但他们却忽略了，儿童在琳琅满目的玩具面前晕头转向，无所适从，这种情况下儿童没有耐心就不足为怪了，个别的甚至会养成玩具破坏癖。

假如父母不了解孩子真正的心理需求，对孩子百依百顺，也会致使孩子无所事事，无法静下心耐心地做事。

另外，你的孩子是否表现出以下情况：

一是面前的食物还没吃完，便迫不及待地嚷着要吃另外的食物。

二是在游乐场看到好玩的滑梯，无视前面正在排队的小朋友，自己硬要抢先上去玩。

三是上兴趣班时，发现自己怎样也无法做好时，便轻易放弃。

四是当要求不能被及时满足的时候，立即发脾气，甚至情绪失控。

五是变得一天比一天霸道，不能遵守社会的规范，如排队等候。

六是做事缺乏计划性，想什么时候做就什么时候做，想什么时候放弃就什么时候放弃。

七是不懂得什么是坚持，为什么要坚持。

……

以上所列举的这些情形，都是孩子缺乏耐心的常见表现。有了这种种表现，难怪人们说：如今的小孩一个个都是"急性子"！

缺乏耐心的孩子很容易被自己的情绪所左右，稍不如意就觉得无法忍受，不能冷静地思考解决问题的方法，不能承受挫折，以致影响自己的学习和生活。

专家强调，父母应该及早地了解自己孩子的年纪、能力及脾气秉性。如果你的孩子属于缺乏耐力群中的一员，那就要从现在开始立即训练孩子的耐性，否则年龄越大，越难训练。

培养孩子耐心的方法

很多孩子在面对一件既复杂又耗时的事情时，往往只有三分钟热度，无法安下心将事情做完。对于孩子缺乏耐心的问题，父母一定要了解孩子的特点。

孩子缺乏耐心，这是由其年龄决定的，他们正处于发育阶段，身体的各种机能还不是很健全，注意力、意志力都处于萌芽状态。因此，坚持性比较差，常常一件事没做完，又去做另一件事，虎头蛇尾、没有耐心。年龄越小这种现象就越突出。

所以，孩子做事是否有头有尾、有始有终，属于心理活动中的意志品质问题。但是，意志是否坚强，对长大后学习、工作都有重要的影响。那么，家长应如何培养孩子的耐心呢？

（1）父母要做耐心的典范

父母要切记自己是孩子的榜样，单纯的孩子还没建立自己的行为模式，他是一个默默的观察者，今天父母做事的习惯就是明天他做事的标准。如果父母做事无耐心、无规律，你能期待孩子做事井井有条吗？

俗话说："上梁不正下梁歪。"如果想让孩子从小养成做事耐心的良好习惯，那么"上梁必须正"，必须以身作则，不管处理什么事情，都要认真、耐心、圆满地将其完成，做好孩子的表率。

（2）父母适当地给孩子设置点障碍

在要求孩子做事时，应有意识地为其设置一些障碍，从而为孩子提供克服困难的机会。这样能够激发起孩子的好胜心，让他有动力持续地做下去，当然，这个难度一定得是他努力后所能达到的。

因为耐心是坚强意志磨炼出来的，越是在困难的环境中，越能锻炼孩子的耐心。要鼓励孩子做事不能半途而废，让他明白，做好一件事要经过努力才能完成。而当孩子经过努力完成一件事时，对其给予及时的表扬，使孩子意识到自己耐心地做事是一件正确的、值得骄傲的事情。

（3）父母不要立即满足孩子的要求

值得父母注意的是，不要对孩子那些时时闪现的要求全部马上予以满足，应要求他们对正在做的事情集中精力，使其持久地沉浸在一种活动之中。让孩子们从实践中懂得，生活里有许多事情都是需要耐心和等待的。

对于年龄较小的孩子来说，他们在感觉肚子饿时会马上要求吃东西，渴了便要求马上要喝的，想要什么玩具当时就要得到。这时，父母不要立刻满足孩子的要求，学会有意延缓一段时间再满足孩子的要求，以从小培养孩子的耐心。

（4）有意识地培养孩子的耐心

在平时的教育实践中，父母要有意识地训练孩子的耐心，让其逐渐学会等待。让孩子懂得在适当的时候做某件事，懂得与别人协调行事等。

这种训练是必须的。因为随着年龄的增长，孩子的要求会越来越多，父母不可能做到满足孩子的每一个要求。如果一味地满足，很容易会让孩子误以为世界是以他们为中心的，将自己的要求排在第一位。要让他们明白，每个人都有自己的要求，等待是必不可少的，失望也是在所难免的。

作息习惯要从小培养

孩子按时作息的习惯要从小培养，这样就会自然而然地形成良性循环。

培养孩子的时间观念

在许多家庭中，早上有如冲锋陷阵的战场。父母一方面忙着自己梳洗上班，预备早餐；一方面得迅速将孩子弄妥，让他不耽误上课时间。

这边，大人是开始忙碌的一天；那边，孩子却依然恋在他们的被窝里，对大人的催促爱理不理，起床后也是懒洋洋的，急得父母常处于紧张和沮丧的状态。

其实，父母是做了太多不必要的服务，过度的担忧与关怀只会加重孩子的依赖性。就让他面对自己赖床的结果：来不及吃早餐，上学迟到受老师责罚。令他明白准时起床是他自己的事，应由他自己，而不是妈妈来承担自己行为所带来的结果。

梁女士一提及每天早上叫小华起床的事就烦恼了。小华总是赖在床上不愿起来，在妈妈催了十几次并连拖带拉下，才慢慢地爬起来，而且穿衣、洗脸、刷牙全部以慢动作进行，所以常常来不及吃早餐。

但是早餐是一天三餐中最重要的部分，梁女士规定孩子非吃不可，因而常赶不上校车，要乘搭计程车才能免于迟到。每天打发小华上学后，梁女士已弄得精疲力竭。

父母首先要放宽心情，以冷静而坚决的态度对待孩子懒散的习性。与孩子一起坐下来，讨论早上起床最适合的时间，让他了解生活上的每个环节都有一定的时间，就此推算出一个合理的起床时间；如果试验一两天后发觉时间不够用，再讨论打出一个更早的起床钟点。

既然已定出了时间要求，孩子就得按照自己定下的安排照着去做。父母可以给他一个闹钟，教他使用，一旦钟声大作就得起床；如果不喜欢用闹钟，可以告诉他每天早上只叫他一次，违者自误。这时，父母要做的是静观其变，不要再对起床的事唠叨，让孩子尝尝睡过头的自然结果。

如果孩子因时间紧迫而没吃早餐，父母也不用过虑，偶尔饿一两顿并不会有什么伤害。但孩子会因而获得教训，亲身体验自己行为的后果，并要对自己行为负起责任和付出代价。

最初时孩子肯定会哭哭闹闹，父母必须坚守住原则，有信心地实施这种方式至少一两星期，父母会发现孩子渐有改进，培养出良好的生活习惯。

培养孩子不赖床的好习惯

为了不让孩子养成赖床的坏习惯，妈妈一定要认识到，按时休息、按时起床才是好的生活习惯，人体生物钟也较有规律而不紊乱，有利于身心的舒适和健康。又由于各种工作、学习活动都按计划进行、学习，工作的效率也高。

孩子不赖床，他才能较好地避免懒散的习气，从而形成积极学习、勤奋向上的良好品性，有利于人的健康成长。

孩子在慢慢长大过程中会有自己的独立性，他希望能按照自己的意愿去安排自己的生活。这时候做父母的对孩子就不能老是唠唠叨叨，而应用一种和蔼的、民主的气氛去与孩子沟通。

当孩子不能做到按时起床时，也不宜大声地责骂孩子，相反地，应当耐心地说服教育，并且不妨放手让孩子自己对自己的行为负责，让他懂得拥有良好的睡眠习惯对自己只有好处而没有坏处，时间一久，他自然而然地就会自觉自愿地按时起床了。

小孩子一般都是很爱赖被窝的，所以妈妈也不必太生气，重要的是采用相应的对策，治好孩子的"懒病"。

讲卫生，做一个干净孩子

如果你要孩子养成注意个人卫生的习惯，必须采取行动，而不是一再地唠叨、敦促。

孩子依赖、懒惰的形成因素

有些小孩子是依赖、懒惰成性，他们明知妈妈不能接受自己脏兮匀的样子，知道妈妈必会忍不住动手替他洗脸、换衣服？其实呢，他在内心里窃笑，妈妈又上我当！

"我说过多少次了？怎么总没有记性？不要？"这是妈妈最常说的话。孩子不爱干净，懒于梳洗、刷牙、洗澡、换衣服，尽管是不住地提醒或警告，但孩子依然未能养成卫生的习惯。为什么妈妈的督促，孩子都没听进耳去？

其实，"我已经告诉你多少次？"这句话只反映了一个事实：一个得逞的小孩正在与父母玩"我需要你注意我"的游戏。孩子真的听不懂父母的话吗？不是的，一次的"告诉"已足以令聪明的小孩明白应该注意卫生。但他们有一个错误的想法是：只有像我现在的"污糟猫"模样，才能引起爸妈的注意和疼爱。

培养孩子的卫生习惯

父母本身得先做个好模范，注重个人卫生，才能对孩子有所要求。不妨试试以下的方法，必能见效。

（1）相信孩子

有些妈妈不相信或不肯定孩子已经洗过澡或刷了牙，常常偷偷地检查孩子的牙刷、毛巾是否湿的。这样做若给孩子知道了，反会招致不满。妈妈只需偶然察看一下，而不要像间谍似的紧盯着他。

（2）共同遵守规则

制定下一些规则，要全家上下一律遵守。例如不洗手不可上桌吃饭，不洗澡不得上床睡觉。须注意不要带责备的语气，说过规范一次以后，便不要再重复唠叨，而以行动来实行。

假如孩子个性执拗，不愿合作，硬不肯洗手便上桌吃饭，妈妈可以坚定的态度请他到别处吃，因为他的手太脏，令人看了不舒服从而影响食欲；要不然，爸爸妈妈可以一起离开饭桌，带着饭菜到别处吃，不理睬他。

（3）培养孩子独立个性

孩子不肯刷牙，牙齿烂了，牙痛都是他自己的事，妈妈不用一下一下地为他清洁牙齿，这样对他一点帮助也没有。就让牙医来处理，医生会教他怎样保养牙齿，他也从拔牙、补牙、洗牙或吃药打针上得到"惨痛"的教训。

（4）让孩子学会洗澡

孩子到了六七岁已是有能力自己洗澡，妈妈应给机会让孩子养成自理生活的能力，无须事事操心。孩子不愿洗澡，自然是气味难闻，人人闻了都敬而远之。趁此，妈妈可以告诉他，实在无法忍受他的体臭而拒绝与他玩耍或同桌吃饭，如果他的同学或朋友告诉他味道不好更是见效。此外，不洗澡会使身体发痒，一点也不舒服，这是自然的结果，就让孩子亲尝苦果，他自会做出聪明的抉择。谁也不会喜欢不讲卫生的小孩，让孩子自己意识到这一点，情况就会好转。

第四章　勤奋能够摆脱懒惰

　　每个人都会有懒惰的心理，任何人都不会例外。懒惰就像是一条粗壮的苦藤，会把人死死地缠着不放，阻挡着我们前进的脚步。而勤奋就像一把镰刀，会割掉层层的阻碍，最终让你到达成功的彼岸。

　　所以，我们应该去拿起那把勤奋的镰刀，割除掉懒惰症这根苦藤，让自己不再沉湎于享受，去努力地追寻自己的梦想。相信只要我们持之以恒，做一只勤奋的蜗牛坚定向前，那么，我们最终一定会成为命运的主宰者。

用勤奋铺就人生之路

青春是搏击风浪的船，学习则是航船的动力。作为年轻一代的我们，应抓紧时间，持之以恒，扬帆起航，努力学习，用勤奋的汗水铺就通往未来的成功之路。

成功需要用勤奋来浇灌

古往今来，无论何人，不勤奋、不刻苦都不可能有所作为。青少年时期则是学习的关键时期，正所谓"少壮不努力，老大徒伤悲"。世界上哪里有所谓的天才？哪里有超乎常人的精力与工作能力，哪里就有天才。

天才百分之一是灵感，百分之九十九是汗水。人的天赋就像火花，它可能随时熄灭，也可能随时燃烧起来，而让它燃烧成熊熊大火的方法只有一个，就是勤奋、再勤奋。

一勤天下无难事。从古到今，有多少名人不是由于勤奋而得来成功的？成功与勤奋有着密不可分的关系，成功是勤奋的结果，而勤奋则是成功的必备前提。

成功的诀窍在于勤奋，勤能补拙是良训，一分辛苦一分才，只有勤奋的人才能取得成功。

文学家把勤奋比喻成打开文学殿堂之门的钥匙，科学家认为勤奋能使人更聪明，而政治家则说勤奋是实现理想的基石。只要你勤于付出，总会有回报的。特别是处于21世纪经济发展的今天，吝啬于付出的人，是不可能掌握更多的知识与技能的。

一分耕耘，一分收获

不劳而获的事情是不存在的。纵览古今中外，哪个成功人士不是付出了许多汗水，才取得了丰硕的成果呢？不经一番寒霜苦，哪得梅花扑鼻香！

无论做什么事情，只有付出了才可能有回报。天才就是有无止境刻苦勤奋的能力。因为只有肯付出，才能实现自己的目标，收获的时候才会有让你满意的成果。

每个人成功的机会都是平等的，关键在于你是否去尝试了，去努力了。如果你都不屑去尝试，去努力，是不可能有机会成功的，只要你努力了，至少有机会成功。

爱迪生发明耐用电灯泡之前，曾做过千百次实验，曾有人让他放弃，但他仍坚持不懈地努力，终于发明了耐用电灯泡。莎士比亚如果没有他执着的"偷学"精神，怎么可能从最初的打杂工到世界著名的剧作家？林书豪之所以成为一个出色的职业篮球明星，和他每一次在比赛场上的拼搏奋斗是分不开的。如果他没有努力拼搏就不会有今天的成就。

成功人士并不是在突然间就有很大的成就，当他们的同伴沉浸在甜美的梦乡中时，他们还在深夜的孤灯下苦苦奋斗。从来没有什么好逸恶劳、喜欢懒惰的人取得多大的成功。只有那些有雄心和抱负，并且在任何阻碍下都能付出汗水、辛勤劳作的人，才有可能取得成功。

汗水的付出是为了胜利时的微笑，做任何事情都需用心血去铸造。因为苦尽甘来终有时，付出总会有回报！

努力奋斗，是成功的关键

青少年学习的目的就是为了将来攀登知识的高峰，所以就应该把每一次失败当作一次教训，在坚持不懈的努力中造就更完善的自我。人生中有失败才会有成功，唯有努力奋斗才不会给生命带来任何怨恨与遗憾。

永远不要放弃努力，要记住阳光总在风雨后。青少年正处于努力获取知识的时候，挫折、失败是成功的必经之路，当命运之门对你一扇一扇地关闭时，请不要放弃，或许下一次的努力换来的就是别样的风景。做一件事情，努力了不一定成功，但如果你放弃了就一定会失败。青少年们正处于学习的大好时光，就一定要选择一个具有人生价值的目标，并为之努力奋斗。

在人的一生中，有大量的时间花在了从事习惯性行为上，如果一生中做某件事累积的时间超过了一年，那么实际上这件事情已经成为生命中的一种习惯，就如同聊天与穿衣一样平常。所以，如果一个人能拿出一万个小时去专注于做好某一件事，这件事就会为他的生命带来成功。当然，勤奋也要讲究方法，不但要能勤奋，也要会勤奋。青少年在学习的时候不要总是强迫自己勤学，那样往往会造成反效果。要懂得一张一弛，勤奋有度。

我们正处于美好的青少年时代，就如东升的旭日，充满生机与活力，在这大好的学习时光中，让我们勤奋学习、勇于探索，肩负起祖国赋予我们的责任吧！

学会科学地运用时间

时间有限，而学海无涯。我们青少年如何把有限时间投入到无限学习中去呢？除了合理制订计划外，还要学会科学运用时间。这是学习方法的重要组成部分。

有的孩子认为：每天上课、做作业、睡觉，规定得死死的，无所谓运筹不运筹了。其实不然。面对相同的时间，善于运用的人，会有更多的收获。我们在学习时应该注意以下几点：

抓住学习最佳时机

也就是说，我们要把时间和心境、生理变化等因素结合起来考虑。同样的时间，由于心理状态不同，学习效果也不一样。

心境平和的时候，学习效率高；情绪波动时，学习效率低。另外，在一天的周期内，人体的生理机制会发生一系列的变化，并相应地影响人的各种能力。

我们如果都能够按这种规律合理安排学习生活，就可以高效率地利用时间。如早晨用于背诵外语，下午学习轻松一点的科目，晚上用来攻克难题，都往往会取得较好的效果。另外，每个人的生物节律不同，要把握自己的生物节律，充分加以利用。

充分利用间隙时间

要知道时间就像海绵中的水，只要愿挤，总还是有的。挤时间的秘诀就是尽量把时间单位缩小到最小，充分利用间隙时间学习。

有人做过这样的计算，如果每天能利用的零星时间有半个小时，那一年就可有180多个小时。如果每小时能读上10页书，那一年就可以读完1800页书。何况我们每天浪费的零星时间远远不只半小时。

父母可以帮忙孩子做个时间统计表，每天把做各项事情的时间一一加以记录。这样，我们就会惊异地发现：有许多时间不知不觉消耗在无所事事之中，既没有学习，也没有娱乐，甚至没有休息，这些间隙时间成为了生命的空白点。

怎样利用间隙时间呢？方法多种多样。如在口袋中放一些英语单词卡片，有空就拿出来读一读；与同学边走路边讨论问题；等人等车的时间，回忆一下今天所学的知识等等。"不积跬步，无以至千里；不积小流，无以成江河。"间隙时间利用得好，也能派上大用场。

努力提高学习效益

我们很多青少年学习态度很好，也极其用功，还经常熬夜，但是成绩却总是上不去。这是什么原因呢？主要就是效率太低。那么，如何提高学习效率呢？

善于激发自信力

科学研究证明，人的潜力是很大的，但大多数人并没有有效地开发这种潜力，其中，人的自信力是很重要的一个方面。自信力可以激发学习潜力。可以毫不夸张地说，一个人无论何时何地，做何事情，有了自信力，就有了必胜的信念，就获得了成功的一半。

相反，一个人如果缺乏自信力，即使能力很强，他也会一事无成。因为他丢失自信力后，往往会怀疑自己的能力，遇到困难就畏缩不前，哪里还有成功可言。一个具有自信力的孩子，他会对自己的能力坚信不疑，相信自己会学得十分出色，无形中挖掘出潜力，形成学习的内驱力，全身心地投入学习，乐此不疲，学习效率何愁不高！

善于学会用心去学

学习的过程，应当是用脑思考的过程，无论是用眼看，用口读，或者用手抄，都是用脑的辅助手段，真正的关键还是在于用大脑思考。比如，记概念，如果我们只是漫不经心地浏览或漫无目的地抄写，一定得重复很多遍才能记住，而且不容易记牢。

但是，如果我们能够充分发挥自己的想象力，运用联想的方法用心记忆，往往可以记得很快，且不容易遗忘。很多书上介绍的快速记忆法，都特别强调联想的作用。可见，如果能够做到集中精力，挖掘记忆的特点、规律等等，运用类比自己已有的知识，就能够实现知识的正迁移。

学习基础不好的孩子，大多具有学习不用心的缺点，针对这种毛病，父母要经常对孩子讲凡事须用心的道理，还要做用心可以提高效率获得知识的示范和实验，让他们得出用心才能获得知识的结论。

一旦孩子意识到用心的重要性，就会大大提高他们的学习效率，使得他们的成绩突飞猛进。因此，父母要加强孩子"用心"的观念！

始终保持饱满的情绪

我们都有过这样的体会：某一天，自己的精神饱满而且情绪高涨，那么，这一天在学习新东西时就会感到很轻松，学得很快。其实，情绪饱满之时这正是学习效率高涨之时。因此，保持良好的情绪对于提高学习效率十分重要。

我们在日常生活中，应该当有开朗的心境，不要过多地去想那些不顺心的事，不要计较一些不必要的小矛盾。

如果我们以一种热情向上的乐观生活态度，去对待周围的人和事，这样无论对别人还是对自己都是很有好处的。营造一个十分轻松的氛围，学习起来就会感到格外有精神。

建立起良好的人际关系，我们在学习中就会得到更多人的帮助和激励，对提高学习效率帮助极大。有了很好的情绪，我们的大脑就会处在一个活跃状态，能够迸发出智慧火花，学习效率自然可以提高。

充分发挥学习的主动性

只要我们积极主动地学习，就能够感受到学习的乐趣，学习才会越发有兴趣。有了兴趣，效率就会在不知不觉中彰显出来。

有的孩子基础不好，学习过程中碰到不懂的问题，羞于向人请教，自我封闭，郁郁寡欢，心神不宁，长此以往，不懂的问题越积越

多，学习阻力也就越来越大。

怎么办呢？唯一的方法就是我们要学会放下架子，丢开面子主动向别人请教，态度谦虚、心底真诚地请教，弄懂疑难问题，扫清学习障碍。父母对待孩子应该多一点耐心、细心，多做循循善诱的讲解，切不可讽刺挖苦，否则孩子一点一滴建立起来的信心很可能被你有意无意地一句话所摧毁。

我们如果能够每天都主动地弄懂一些问题，自然会有成就感，不会再产生学习畏惧情绪。主动去寻求问题的解答，学习有了原动力，学习兴趣不断高涨，何愁学习效率得不到提高。在学习的时候我们千万别做其他事，一心不能二用的道理谁都应该明白。

有些孩子边学习边听音乐，认为这是放松神经的好办法，其实不然。学习时分了心，效果必然会打折扣。我们可以在专心学习一小时后再全身放松地听一刻钟音乐，这才比较科学。

学习时，我们自己要会合理安排时间。不要整个晚上都复习同一门功课，实践证明，这样非但容易疲劳，并且效果也很差。如果每晚安排复习两三门功课，结果就会大不相同了。

辛勤耕耘才能快乐收获

俗话说："辛勤的耕耘，快乐的收获"。作为一名青少年，只有勤劳的学习，才有快乐的收获。有耕耘就有收获！

勤奋的人才能有所作为，博学多才来源于勤奋忘我的辛勤劳动。只要我们青少年在学习上舍的花一点力气，狠下功夫，就必定能够用辛勤劳动的汗水和智慧，浇开芳香的理想之花，获得真才实学。

辛勤耕耘，才能成长

"勤能补拙是良训，一分辛苦一分才。"只有勤奋、上进，才会取得成长。因此，我们在以后的学习中，都应该勤奋、努力，这样才会取得好的成绩！

一些有成就的人，都是勤奋者，勤奋是成才必要条件。成功要勤劳，也要有卓越的创造力和想象力；勤奋就是要不懈地努力，要进行后天的培养和不断的追求。这样的勤劳方式才能助我们不断向前攀登，创造财富。

勤劳致富的道理，就是勤劳改变了历史，勤劳创造光辉灿烂的人类文明。辛勤的劳动，无论是农民的锄禾日当午，还是工人在机器旁的穿梭忙碌；无论是医生在手术台前的聚精会神，还是老师在讲台上的娓娓而谈，都是创造，都是奉献，都值得我们青少年致以深深的敬意和不断地学习。

牢记勤奋，远离懒惰

人们常说："书中自有黄金屋"，就是说学习是成功的阶梯，要想获得成长，创造财富，就要通过读书学习创新努力去获得。青少年应杜绝懒惰的懒惰心理，辛勤耕耘，不断攀登，自立自强创造人生财富。

许多科学家，在创造的过程中身居恶劣的环境，但通过他们的勤劳和勇于克服困难的精神，终于取得了伟大的成就。

马克思说过："在科学的道路上没有平坦的大道可走，只有不谓艰辛和劳苦在崎岖小路上辛勤攀登的人，才有希望达到光辉的顶点。"他本人为了写《资本论》，就曾经花费了45年的时间。

坚持不懈地勤奋学习，自然是"苦"事，但这又是成长的必由之路。勤奋的人最光荣。青少年要养成勤奋学习的好习惯，努力进取，不断攀登，只有这样才能创造自己的辉煌。

著名作家高尔基说过："天才就是辛勤劳动，人的天赋就像火花，它即可以熄灭，也可以旺盛的燃烧起来，而让它们成为熊熊烈火的方法，那就是辛勤的劳动。"

青少年要想茁壮成长，只有通过勤劳的学习，才可以达到理想的目标。

在学习中不断进步

有位哲人曾说："没有哪个人可以永远独占鳌头，在瞬息万变的世界里，只有虚心学习知识的人才能够掌握自己的未来。"

仔细观察周围，大家就会发现，"学到老"的例子比比皆是：婴儿咿呀学语，儿童的各类兴趣班，学生时代的在校学习，工作以后的在职培训，退休后各处的老年大学里的人济济一堂，几乎所有的事情都需要不断学习。古今中外的人，都提倡学习。学习能够使人获得巨大的精神财富和强大的力量，可以使人的生活充满阳光，帮人走出困境、通向成功。

不断学习可以让自己进步

学习是一条漫长的道路，学生时代正是学习的好时期，也是打基础的重要时期。摆正学习的心态、目光放远于未来，对人生有很大作用。在学习中不断地提升自我、完善自我，是每个人都应有的态度。

自我价值需要在实践中体现，而要想在实践中不断地实现自我价值就需要不断地学习。反过来说，不断地学习也就是在不断地提升自我价值。每个人都应该正确地认识到这一点，这样才可以在人生的道路上走得更加有力、更加辉煌。

为什么大家都要不断学习呢？因为不学习，就会落伍！时代发展太快，不跟上时代的脚步学习新的知识，就会被社会淘汰！

社会不断地发展，人们也需要自我提升、发展。如果一个人不断地学习，就可以保持一种发展的趋势，就可以让自己更具有生命力。相反，如果停止学习，不仅得不到发展，甚至还会倒退，所谓"学如逆水行舟，不进则退"就是这个道理。

不断学习可以帮助自己

不断地学习，就是不断积累知识的过程，而不断积累的知识可以更好地帮助自己证明自己的能力，从而让成功之路变得更加平坦。如果可以很好地认识到这一点，在学习路上做到尽可能多地学习知识，那么在以后的人生路上就可以充分展示出自己的风采。

不断学习可以让人生更精彩

人的一生不会一帆风顺，遭遇挫折和失败在所难免，学习和改变的速度快慢，是人生成败之关键。

人生因学习而变得生动有趣，每个人的一生其实就是学习的一生，人们生命中所遇到的人和事，所得到的经验都是一笔财富。只是有的主动学习，有的被动学习，这也正是先进与落后最直观的体现与最根本的原因。

成功者与平庸者的最大区别，不在于其天赋和付出，而在于其是否拥有明确的人生目标——只有勇于挑战人生，才能拥有成功的希望。

　　心中有远大的人生目标，却不愿意为此而努力学习，注定是一种悲哀。如果只空怀大志，而不愿为目标的实现付出辛勤的劳动，那"目标"永远是空中楼阁。

　　只有把目标和行动有机地结合起来，才有可能拥抱成功。目标和行动是改变人生的砝码，一个人不管做什么事，具有什么条件，身处什么样的环境，只要专心致志，勤奋刻苦，好学多问，坚持不懈，脚踏实地一步一步地走下去，自然会越来越接近成功。

不断学习可以提高自信

　　人生的失败多半是败给了悲观的自己。因此做任何事情都要有个良好的心态和信心，一个缺乏自信的人，极可能一事无成。

　　自信会使不可能变为可能。我们通过学习，不断地积累知识，就会在遇到问题时有备无患，轻松解决各种复杂的问题。长此以往，必将大幅度提升自信，在今后面对各种复杂问题时才会做到游刃有余。

　　选择了学习，就等于选择了改变，选择了正确的人生道路！年轻时，学是为了理想；中年时，学是为了补充；老年时，学则是一种意境。活到老学到老，是学习的大意境。

努力提高学习效益

我们很多青少年学习态度很好，也极其用功，还经常熬夜，但是成绩却总是上不去。这是什么原因呢？主要就是效率太低。那么，如何提高学习效率呢？

善于激发自信力

科学研究证明，人的潜力是很大的，但大多数人并没有有效地开发这种潜力，其中，人的自信力是很重要的一个方面。自信力可以激发学习潜力。可以毫不夸张地说，一个人无论何时何地，做何事情，有了自信力，就有了必胜的信念，就获得了成功的一半。

相反，一个人如果缺乏自信力，即使能力很强，他也会一事无成。因为他丢失自信力后，往往会怀疑自己的能力，遇到困难就畏缩不前，哪里还有成功可言。一个具有自信力的孩子，他会对自己的能力坚信不疑，相信自己会学得十分出色，无形中挖掘出潜力，形成学习的内驱力，全身心地投入学习，乐此不疲，学习效率何愁不高！

善于学会用心去学

学习的过程，应当是用脑思考的过程，无论是用眼看，用口读，或者用手抄，都是用脑的辅助手段，真正的关键还是在于用大脑思考。比如，记概念，如果我们只是漫不经心地浏览或漫无目的地抄写，一定得重复很多遍才能记住，而且不容易记牢。

但是，如果我们能够充分发挥自己的想象力，运用联想的方法用心记忆，往往可以记得很快，且不容易遗忘。很多书上介绍的快速记忆法，都特别强调联想的作用。可见，如果能够做到集中精力，挖掘记忆的特点、规律等等，运用类比自己已有的知识，就能够实现知识的正迁移。

学习基础不好的孩子，大多具有学习不用心的缺点，针对这种毛病，父母要经常对孩子讲凡事须用心的道理，还要做用心可以提高效率获得知识的示范和实验，让他们得出用心才能获得知识的结论。

一旦孩子意识到用心的重要性，就会大大提高他们的学习效率，使得他们的成绩突飞猛进。因此，父母要加强孩子"用心"的观念！

始终保持饱满的情绪

我们都有过这样的体会：某一天，自己的精神饱满而且情绪高涨，那么，这一天在学习新东西时就会感到很轻松，学得很快。其实，情绪饱满之时这正是学习效率高涨之时。因此，保持良好的情绪对于提高学习效率十分重要。

我们在日常生活中，应该当有开朗的心境，不要过多地去想那些不顺心的事，不要计较一些不必要的小矛盾。

如果我们以一种热情向上的乐观生活态度，去对待周围的人和事，这样无论对别人还是对自己都是很有好处的。营造一个十分轻松的氛围，学习起来就会感到格外有精神。

建立起良好的人际关系，我们在学习中就会得到更多人的帮助和激励，对提高学习效率帮助极大。有了很好的情绪，我们的大脑就会处在一个活跃状态，能够迸发出智慧火花，学习效率自然可以提高。

充分发挥学习的主动性

只要我们积极主动地学习，就能够感受到学习的乐趣，学习才会越发有兴趣。有了兴趣，效率就会在不知不觉中彰显出来。

有的孩子基础不好，学习过程中碰到不懂的问题，羞于向人请教，自我封闭，郁郁寡欢，心神不宁，长此以往，不懂的问题越积越多，学习阻力也就越来越大。

怎么办呢？唯一的方法就是我们要学会放下架子，丢开面子主动向别人请教，态度谦虚、心底真诚地请教，弄懂疑难问题，扫清学习障碍。父母对待孩子应该多一点耐心、细心，多做循循善诱的讲解，切不可讽刺挖苦，否则孩子一点一滴建立起来的信心很可能被你有意无意地一句话所摧毁。

我们如果能够每天都主动地弄懂一些问题，自然会有成就感，不会再产生学习畏惧情绪。主动去寻求问题的解答，学习有了原动力，学习兴趣不断高涨，何愁学习效率得不到提高。在学习的时候我们千万别做其他事，一心不能二用的道理谁都应该明白。

有些孩子边学习边听音乐，认为这是放松神经的好办法，其实不然。学习时分了心，效果必然会打折扣。我们可以在专心学习一小时后再全身放松地听一刻钟音乐，这才比较科学。

学习时，我们自己要会合理安排时间。不要整个晚上都复习同一门功课，实践证明，这样非但容易疲劳，并且效果也很差。如果每晚安排复习两三门功课，结果就会大不相同了。

第五章　独立可以战胜懒惰

　　青少年要想战胜懒惰，只有培养自己独立的生活能力。要独立生活，就要做到自己的事情自己负责，大胆地投身生活实践，逐步提高自立能力，成长为一个自立、自强的人。

　　人生总是充满了矛盾和曲折，青少年朋友必须要勇于接受并自主地去解决。唯有这样，才能够彻底地戒掉懒惰症，成为一名适应生活的强者。

明白自己的兴趣所在

　　伟大的科学家爱因斯坦说过："兴趣是最好的老师。"这就是说，一个人一旦对某件事物有了浓厚的兴趣，就会主动去求知、去探索、去实践，并在求知、探索、实践中产生愉快的情绪和体验，所以古今中外的教育家无不重视兴趣在智力开发中的作用。

　　青少年时期，正是发展个人兴趣的好时期，如果这个时期能够把握住自己的兴趣，就能起到事半功倍的效果。兴趣对学习有着神奇的内驱动作用，能变无效为有效，化低效为高效。

　　下面让我们来看一个小故事吧。

　　　　高远是一名计算机专业的学生，计算机是他的兴趣所在，几年中，他通过勤奋学习，获得了大量相关证书。

　　　　另外，高远还有一揽子考证计划：上半年，他报考了四级网络工程师、软考中级多媒体应用设计师两证，成绩尚未公布。

　　　　下半年，他还准备参加四级软件测试工程师、软考中级证的考试。计划第二年参加系统分析师和系统架构设计师的考试。

　　　　令人意外的是，如此热衷于考试的高远却曾是令老师头疼的"差生"。高远最大的遗憾是，当年初中毕业时，就应该按照自己的特点进职校学习专业，而不应该进入高中，耽误了3年时间。

高远对高中很多课程缺乏学习热情，他一边上课，一边偷偷自学起计算机方面的书籍，还在网上创建了聊天室，自己当版主、自行管理后台系统。

直到高三毕业，他的文化课成绩平平，高考后，又在虚荣心的驱使下，报考了当地的师范学院。因专业不喜欢，他在上了一年大学后，退学转而重新高考进入了沧州一所职业技术学校学习计算机专业。

"绕了一个大弯，终于拐到了自己喜欢的专业上。"在这里，他迸发出前所未有的学习热情，成了勤奋学习的典型。

"如果我能早点接受专业教育，肯定比现在水平高。"高远不无遗憾地说，"希望学弟学妹们遵从自己的兴趣爱好，选择适合自己的道路。"

高远绕了一个大弯，最终还是回到了自己的兴趣上来。看来，不按照自己的兴趣，只是为了面子什么的，并不能真正激发自己的学习热情，学习起来当然就会非常被动，效果也不会好。

兴趣是人们活动强有力的动机之一，它能调动起人的生命力，使人们热衷于自己的事业而乐此不疲。人对自然产生兴趣，就能引发出对事物的体验，对问题的思索；人对生活产生兴趣，就能引发因好奇而实践，因验证而发现。

古往今来，许多成就辉煌的成功人士，他们的事业往往萌生于青少年时代的兴趣中，沿着兴趣开拓的道路走下去，找到了自己事业成功的路径。

被喻为"科学巨人"的牛顿在苹果树下看书时，从一个苹果成熟落下而引发了联想。试想一个苹果掉下来是一件怪事吗？不，它很常见。谁也没有去注意它，因为我们觉得没有什么大惊小怪的，它不掉下来难道要飞上去吗？正是牛顿对这个我们不在意的问题有了浓厚的兴趣，继而发现了"万有引力"定律。

这正验证了孔老夫子的一句话："知之者不如好之者，好之者不如乐之者。"

姚明小时候，姚明的父母并没有刻意鼓励他把篮球当作自己将来的事业，他们只是让姚明做自己喜欢的事情。他们希望小姚明和普通的孩子一样读书、上大学、找工作。

但姚明最终还是选择了篮球，这就是兴趣的力量。父母把他送到上海体育学院，他在那每天都要打几个小时的篮球。由于姚明住校，这使得他有更多的时间打篮球，他对篮球越发专注了。

姚明最喜欢的球员有3个，他们是萨博尼斯、奥拉朱旺和巴克利，姚明还坦言他曾用"萨博尼斯"作为网名。

在姚明心目中，萨博尼斯是篮球中锋技术的教科书。姚明喜欢萨博尼斯娴熟的运球，用不可思议的方式把球传给空位的队友，精准的中远距离投篮。为此，每当姚明在场上时，他都会效仿他的偶像打球的方式。

后来姚明很关注当时的休斯敦火箭。这支球队以另一个敏捷的大个子奥拉朱旺为首，1994年和1995年连续两年赢得NBA的总冠军。姚明迷上了这支球队，也非常崇拜奥拉朱旺。

这些都使姚明对篮球更感兴趣，也使他打球的动力更足。可见，兴趣对一个人的个性形成和发展、对一个人的生活和活动有巨大的作用。

心理学家研究后认为，人若拥有良好的心态与强烈的求知热情，他的灵感便会一触即发，如泉眼般源源不断，那么结果也会事半功倍；反之，用一张愁眉苦脸面对探讨，就像一部机器，没有想法，说不定方案不仅未能得出，还可能弄巧成拙。

而热爱者善于发现其中的奥秘，甚至一离开就要生病。这就是"有兴趣"与"无兴趣"的最大区别。

人是健忘的，总会丢三落四、忘这忘那，但是对于感兴趣的事物，却像烙上了印，永远铭记于心。

　　生活中，人会对美丽的风景过目不忘；人会对喜欢的物品清楚了解……这都是兴趣爱好在起着作用。不管是生活，还是学习，当我们对它充满兴趣，我们就会发现，记住它是一件多么简单的事情。

　　人的成功需要正确地引导，最好的老师就是兴趣。它推动着人们主动地去开拓进取，促使我们学会发现身边的大小事。

　　无论是辽阔宽广的大地，还是浩瀚无垠的海洋；无论是形形色色的人生，还是生生不息的物种，都有千千万万个"为什么"等着我们以满怀的兴趣去发掘。

　　可是许多青少年朋友说：我找不到自己的兴趣怎么办？其实很简单，找不到兴趣，那就培养兴趣。那么，我们应该如何培养自己的兴趣呢？以下方法值得借鉴：

　　首先要有浓厚的好奇心。对于未知的事物应该付诸行动去接触它。像电脑游戏，很好玩，它是怎么设计出来的呢？日全食是不是真的是天狗吃太阳？要消解这些问号，就要进一步去钻研计算机书籍或翻阅百科全书，兴趣的开端搞不好就这么产生了。

　　其次就是不间断。有人吉他弹得很好，但若半年不弹，技巧肯定退步。同样地，要培养一个兴趣，也要不断去熟悉它，渐渐地让它成为生活的一部分。如果只是选择性的初一、十五玩一下，那是很难变成自己兴趣的。

　　深入研究也是培养兴趣的要素之一，假使我们每天固定一小时玩计算机，但只是随便消磨时间，没有设定一个目标来研究，是引不出兴趣来的，不过是不断地重复一样的动作罢了。但假使你锁定一个主题，譬如计算机绘图软件的认识，有了深入的方向，不怕问题难，越难越要鼓起勇气，一层一层地往前追，一定就像吃甘蔗一般，滋味越来越甜美。

除此之外，找朋友也是很重要的。校园的一些社团，就是为志趣相同、共同学习的学生而设立，因为一个人即使对某样活动兴致盎然，也会有停摆的时候，此时，朋友就可从旁鼓励我们，继续向前。

大胆地展示自己

在课堂上你会积极地举手回答老师的提问吗？你会积极地参加学校、班级等组织的演讲比赛吗？在一些活动中你敢于展示出自己的特长吗？在人际交往中，你敢大方地介绍自己吗？

如果你的答案是肯定的，那么，恭喜你，你是一个敢于展现自己的人，也是一个能够抓住一切机会成就自己的人。

为什么这样说呢？那就看看下面的故事吧。

有一天，有一位贵族要举行一个盛大的宴会，邀请的客人有著名的实业家，高贵的王子，傲慢的王公贵族以及眼光挑剔的专业艺术评论家。

就在宴会开始前，却出现了意外。放在桌子上的大型甜点饰品被弄坏了，管家急得团团转。这时，厨房里一个干粗活的小男孩走到管家的面前认真地说道："如果您能让我来试一试的话，我能造另外一件来顶替。"

管家不相信他，但小男孩坚定地说："如果您允许我试一试的话，我马上会造一件东西摆放在餐桌中央。"除此之外也没有别的办法了，管家只好答应了小男孩。

接下来的事情让他惊呆了。小男孩不慌不忙地用一些黄油雕成了一只蹲着的巨狮，然后摆到了桌子上。

晚宴开始了，当客人们走到餐厅后，很快就被餐桌上卧着的黄油狮子震住了。他们不断地问主人，这究竟是哪一位伟大的雕塑家做出来的，简直太棒了。

主人也愣住了，他立即喊管家过来问话，于是管家就把小男孩带到了客人们的面前。当这些人得知面前这个精美绝伦的黄油狮子竟然是这个小男孩仓促间完成的作品时，都不禁大为惊讶，整个宴会立刻变成了对这个小男孩的赞美会。

这时，宴会的主人做了一个决定，出资给小男孩，请最好的老师，释放他的天赋。

后来，世界上就有了一位著名的雕塑家——安东尼奥。

安东尼奥正是因为大胆地展示自己的才华，才获得了他人的赏识和帮助，进而获得成功的。

在人才济济的社会中，在能者辈出的校园里，如果你想有所收获，拥有更强的竞争力，你就要勇敢地展现自己。机会永远不会主动找上门，必须主动地不断地展现自己，才能让别人看到你的才华和能力。你才能找到赏识自己的人，找到施展自己才华的舞台。

青少年朋友们，为了让自己将来能融入充满竞争的社会生活中，我们一定要养成敢于展现自我的习惯。那么，我们平时要如何做呢？

克服畏惧的心理障碍

很多青少年不敢积极展现自我，其实是有一定的原因的，只有找到这些原因并解决问题，才能展现出最好的自己。

一般来说，影响我们自我展示能力的原因主要有三个。

一是不自信，缺乏展示自我的勇气，总觉得自己做不好。

二是太要强，担心自己做不好会被别人笑话，有损面子，更担心在他人的心目中留下不好的印象，因此宁可沉默观望。

三是怕别人说自己出风头，不谦虚，因而放弃展示自我。

无论是什么原因造成了不敢展示自己的状况，最终的结果对我们自身的发展都是不利的，要尽快地改变这种心理。

抓住机会锻炼自己

在学习和生活中，有些人总是很害羞，不愿意出风头，觉得不好意思。其实，完全没有必要，社会发展需要的是真才实学，只要有实力，就应该亮出来。所以，我们必须抓住一切机会锻炼自己，展示自己。只要我们勇敢地踏出第一步，就能够从中获得信心，从而满怀激

情、信心十足地对待每一天的每一件事情，把握自己的将来。

例如，大胆地坐在第一排，积极地举手回答问题。如果你是班干部，那就在班级活动中积极展示你的组织能力和领导能力，如果你是一名普通学生的话，可以参加班级以及社团干部竞选，比如你可以报名参加晚会演出，表演不好没关系，最重要的是要别人先记住你，这也可以培养你的勇气。

另外，在一些活动中，如果有人向大家征求意见和看法，而你恰恰对此有自己的见解，那么就请大声说出来。不善于抓住机会表达自己的观点，就没有人能了解你的真实想法。或许你的建议不是最好的，但倘若能在正确的时间小心谨慎地提出正确的意见或建议的话，你的头顶上自然就会亮起"积极的光环"。

发挥自己的长处

人的才能是多方面的，有的表现得明显，有的表现得隐蔽。只有先发现长处，才能扬优成势。当你找到自己的长处后，接下来要做的就是要逮到机会发挥它最大的作用，让它带着你出人头地。

丰富自己的"内功"

许多学有所长的人，往往对其他领域的知识嗤之以鼻。这是不对的。虽然说发挥自己的长处更能吸引人，但专长和能力是一张网，需要你设法去获得各种必要的能力与知识来编织，否则，这种自我展现就变成了吹嘘自夸，让人生厌。

因此，在日常学习和生活中，我们要不断积累知识，扩大自己的知识面，锻炼自己各方面的能力，如流畅的表达能力，缜密的分析能力，善于发现问题和独立思考的个性品质等。这些都是展示自我必备的"内功"。

总之，青少年朋友们要记住：如果你是金子，就不要甘心永远被埋在沙子里。要勇敢地亮出自己，这样，你身边的人才会看到你的闪光点，你才会更有竞争力。

发挥自己的长处

有一句谚语说："上帝为你关闭了一扇门，也同时为你打开了一扇窗。"当我们在为自己某方面的缺陷叹息时，是否想过自己还有闪光点呢？

其实，人无完人，这世上的每个人都有缺点。人活在这个世界上，不是为了掩饰缺点而活着。相反，人应该是为了发挥自己的长处而活着。

朋友，如果你正在为自己的缺点而叹息，不妨看看这个故事吧。

蒂尼·博格斯最初用的篮球是姐姐挂衣服的衣架制成的，最先的篮球也只不过是个小皮球。8岁那年，他有了一个真正的篮球，那天晚上，他兴奋得难以入睡。

从此以后，他睡觉抱着球，出门带着球，即使是去倒垃圾，也是左手拎垃圾袋，右手运球，结果把垃圾搞得到处都是。父亲骂他，邻居也笑话他，他照样我行我素。

蒂尼·博格斯中学时，常对自己的朋友讲，长大后要到NBA去打球。听到他的想法后，别人都忍不住大笑起来，因为NBA历史上还没有出现过1.6米的矮子。

可博格斯却不这样认为，他知道自己的长处所在。在球场上，他充分利用自己矮小的优势，行动灵活迅速，身手敏捷。因为个子矮小，他运球重心低，失误率极低，并且不引人注意，成为一名出色的后卫。

中学毕业后，他进入巴尔的摩的韦克·福雷斯特大学。他卓越的篮球组织指挥才能逐渐为人所知，因为获得了一个绰号：马格西，意为死死缠住对手、拦截等。

经过不懈努力，博格斯入选美国队，参加了在西班牙举行的第十届世界男篮锦标赛。在争夺冠军的决赛中，苏联队在最后几分钟落后近10分的不利情形下奋起直追，而美国队则显得有些惊慌失措。

这时，是博格斯稳住了美国队的军心，他以出色的运球绝技游走于队友之间，告诉他们不要慌张。最后，美国队以2分的优势战胜苏联队。

世界锦标赛后，博格斯成了明星，由于杰出的球技与"侏儒"般的身材，博格斯成了人们围观的对象，只要他在哪儿出现，哪儿就有疯狂的人群。

博格斯说："我的确太矮，在高水平的职业篮球赛中闯出一番天地不容易，但我相信篮球并不是专让高个子打的，而是让那些有篮球才华的人打的。"

许多人也许都不能想象，博格斯这个只有1.6米的小个子球员，竟然能够游走在高大的NBA篮球世界里。他靠的是什么，就是自己的长处，他可以说将自己灵活的优势发挥到了极致。

博格斯的事例告诉我们，找出自己的优点，发挥它并加之以不懈的努力和汗水，胜利之门终将为我们打开。当上帝关闭了我们人生的一扇门时，我们不应因此而沮丧，而应仔细审视自己，也许上帝早已为我们打开了另一扇窗。

把握自己的长处，并坚持发挥自己的长处，我们也会取得瞩目的成就。电磁学说的奠基者法拉第，因为发现了电磁原理而被人们熟知，可是又有谁知道他成功背后的无限辛酸呢？

　　从小时候起，法拉第就被认为是文学上的白痴，文学智商几乎为零，而他并没有因此而沮丧堕落，文学上的失败使他发现自己对理科情有独钟，经过不懈地研究，最终发现了电磁原理，把人们带入了电的时代！

　　正是因为发挥自己的长处，使法拉第取得了成功；也正是因为如此，才使法拉第一跃成为物理电学的天才。

"天生我材必有用，千金散去还复来。"每个人都是独特的个体，每个人都与众不同，都展示着自我的风采。人生的诀窍在于经营自己的长处，找到发挥自己优势的最佳位置。

　　美国国际商业机器总经理之子托马斯·沃森，小时候是个末流学生，同他声名显赫的父亲相比，他简直是低能儿。

在读公司商业学校时，各科学业全靠家教才勉强过关。

后来他开始学飞行，却意外有种如鱼得水的感觉，发现驾驶飞机竟是那样得心应手，这使他的信心倍增，并顺利当上了一名空军军官。

这段经历使他意识到自己"有一个富有条理的大脑，能抓住主要东西，并把它准确地传达给别人"。沃森最终继承父业成为公司总经理，使公司迅速跨入计算机时代，并使年盈利率在15年里增长了10倍。

英国近百年来最年轻的首相梅杰，47岁登上首相宝座，为世人所瞩目，然而他年轻时并无超人的聪明之处。16岁因成绩不好而退学，后又因心算差未当上公共汽车售票员。

对此好多人想不通：一个连售票员都不能胜任的人怎么当了首相？针对这种怀疑，梅杰在一次谈话中回答说："首相不是售票员，用不着心算。"

从这里我们可以看出，一个人成功与否，并不完全取决于学历的高低，在很大程度上取决于自己能不能扬长避短，善于发挥自己的长处。

"尺有所短，寸有所长"，每个人都有自己的长处。如果我们能发挥自己的长处，就会给生命增值；反之，如果我们经营自己的短处，那会使我们的人生贬值。

"条条大路通罗马。"世界上的工作千万种，对人的素质要求各不相同，干不了这个可以干那个，总可以找到自己的发展天地。我们要发挥自己的长处，展示自我风采。大海如果失去了浪花的翻滚就失去了雄浑；沙漠如果失去了飞沙的狂舞，就失去了壮丽。

如果每一朵玫瑰都想绽放娇艳与美丽，那自我的长处又怎样展示？如果每一棵不开花的树都想张开艳丽清香的笑脸，那自我的风采又怎样体现？

我们是年轻的新一代，让我们展示自我，发挥长处吧！

成功只属于有准备的人

古人说得好："凡事预则立，不预则废"。这里的"预"，就是有预见、有准备的意思。做事情，有预见性、有准备就可以取得成功，没有预见性、没有准备就可能失败。

没有准备的人注定失败

不做准备的人，其实就是准备失败的人。只有善于做准备的人，才是离成功最近的人。青少年朋友们，让我们来看一个故事吧：

阿明刚毕业后很快就找到工作，但是没过多久，他便对工作产生了倦怠。当时，心情不好的学长为了缓解自己的情绪和压力，常常带着鱼竿到湖边钓鱼。但是，换了好几个地方，阿明都没有获得好成绩。

于是，他的鱼篓越换越小，到最后只拎着一把钓竿和鱼饵就出门了。

有一天，钓鱼技术不如他的同事老王约他一同去钓鱼，老王拿了一个大鱼篓，当他看见阿明几乎两手空空，便塞给他一个小鱼篓。阿明摇了摇手，对老王说："不用啦，我每次都钓不到两条鱼，用手拿就够了。"

但没想到这天却出乎意料，他们遇上了丰富的鱼群，几乎鱼饵都来不及装，那些大鱼小鱼一条接着一条地被甩上岸。阿明的鱼饵很快就用光了，幸亏老王带了许多鱼饵来。

阿明看着老王装得满满的大鱼篓，自己只能用柳条绑住几条，不得不放弃仍在地上活蹦乱跳的鱼，懊恼不已。

青少年朋友，这个故事的含义是什么呢？这个故事告诉我们，机会永远只留给有准备的人。所以每当我们抱怨运气不佳的时候，不要只顾着埋怨别人不给自己机会，而是要看一看自己的鱼篓是否够大，有没有破洞；也许不是池塘里的鱼太小或鱼群不多，才装不满你的鱼篓，而是你的篓子破了个大洞，让鱼全溜走了。

凡事预则立，不预则废。事实情况的确如此，凡事预于先，谋于前，做足准备，往往能占据主动，确保事情的成功。否则，事发突然，或计划赶不上变化，往往让人手忙脚乱、穷于应付，甚至连可以避免的失误都避免不了，处处陷于被动之中。

成功只属于那些有准备的人

我们青少年只有通过勤奋的学习，做好万全的准备，才能得到最终的成功。成功的准备是需要无数泪水和汗水换来的。只有做好准备的人，才更有可能走向成功，创造自强人生。要把梦想变成现实，光想不行，光说不行，光等不行，光靠别人不行，必须依靠自己的积极努力，认真做好充分的准备才行，因为成功属于有准备的人。

世界酒店大王希尔顿早年追随掘金热潮到丹麦掘金，他没有别人幸运，没有掘出一块金子。

但是他并没有因此而绝望，在别人忙于掘金之时，他却在准备建旅店的工作而忙碌，这里面的艰辛是我们常人无法想象的，最终他也成了有钱人，为他日后在酒店业的成功奠定了坚实的基础。

一个人要想成功，就必须要做大量辛苦的准备。农民种庄稼，光播下种子是远远不够的，还必须进行浇水、施肥、除草等，这些辛苦的劳动就是为收获做的准备。

戏剧界有句行话，"台上一分钟，台下十年功"，这十年是为了台上一分钟的表演做的准备。对于所有人来说，机遇并不是上帝给的，所有的东西都要靠自己去争取，机遇要靠能力去创造。假如机遇摆在你面前，而你却没能力去应付，显然是无法达到目的的，所以说能力是成功的先决条件，机遇只是其中的一个因素而已。

能力是锻炼出来的，要靠先天的条件也要靠后天的努力，永远要相信自己，相信自己一切都可以办到，机遇总会碰到，但不是每个人都能坚持"十年"。看看那些站在事业巅峰的人，哪个是没有经过"苦练"，就轻轻易易成功的。

机会对每个人也都是公平的。如果没有成功，不要迷茫，因为对于有准备的人来说，只不过是"万事俱备只欠东风"而已，仅仅是缺少一个"伯乐"来赏识这匹千里马，只不过是在成功路途上延长了时间，并不会影响结果。而对于那些没

准备的人，得到了这个机遇也只是浪费。所以只有我们不断地学习、积累，不断地探索、研究，不断地锻造自己的见识、能力，你才能抓住机遇。

也许，有的青少年认识到了准备的重要性，然而，却没有做出积极的准备，而是得过且过，这是非常危险的。因为在现实社会和生活中，竞争激烈，危机重重，要想在竞争中胜出，就必须付出艰苦的努力，比别人准备得更加充分。多一些准备，就会多一些成功，就会少一些风险和危机。

也许，有的青少年不是不想准备，但不知该怎样去准备，那就从自己的身边小事做起吧，在知识上不断积累，在思想道德行为上养成良好的习惯，并持之以恒地做好各方面的具体准备。

也许，有的青少年朋友也做了一些准备，但有时候还会遇到这样那样的失败和挫折，你可能会找出许多借口或理由，但有一个最根本的教训应该记取，那就是：准备不足！

因此，青少年朋友在学习上要踏踏实实的，学习来不得半点的虚假。因为成功需要我们做万全的准备，准备好的人，成功便会不知不觉地来到我们的身边。

青少年朋友，让我们从现在开始，着手做好准备以实现我们的未来吧！